U0271940

材饲兼用型构树新品种特性及其应用

邓华平 胡清秀 翟晓巧 李 强 著

中国农业科学技术出版社

图书在版编目（CIP）数据

材饲兼用型构树新品种特性及其应用 / 邓华平等著. —北京：中国农业科学技术出版社，2020. 7

ISBN 978-7-5116-4717-7

Ⅰ. ①材… Ⅱ. ①邓… Ⅲ. 构树—栽培技术 Ⅳ. ①S564

中国版本图书馆 CIP 数据核字（2020）第 068878 号

责任编辑 闫庆健　马维玲　张孝安
责任校对 李向荣

出 版 者 中国农业科学技术出版社
北京市中关村南大街12号　邮编：100081
电　　话 （010）82109705（编辑室）（010）82109704（发行部）
（010）82109704（读者服务部）
传　　真 （010）82109705
网　　址 http: // www.castp.cn
经 销 者 各地新华书店
印 刷 者 北京富泰印刷有限责任公司
开　　本 787mm × 1 092mm　1/16
印　　张 10.5
字　　数 223千字
版　　次 2020年7月第1版　2020年7月第1次印刷
定　　价 118.00元

前言

构树主产于中国，分布广、面积大、类型多，为人们合理利用和开发构树提供了丰富的自然资源。不仅如此，构树生物学生态学特性突出，一树多用且功能独特，其表现出的商业价值和开发潜力引起社会广泛关注和重视。2015年，构树产业被国务院扶贫开发领导小组办公室（以下简称“国务院扶贫办”）列为十大精准扶贫工程之一；2018年，农业农村部将构树录入《饲料原料目录》征求意见稿；2019年，国家林业和草原局同意成立构树国家创新联盟，河南、广西和贵州等省、自治区将构树产业列为政府重点扶持的农业扶贫项目，构树的综合开发利用迎来历史上最好的发展时期。目前，构树产业发展已呈现出“小树种、大产业”的雏形和态势。

构树作为一个优良的木本饲料树种，对畜牧产品的提质增效作用明显，正在和已经得到越来越多科研成果和产业一线的肯定，利用构树进行饲料加工和应用已成为构树产业发展的核心内容和主攻方向，毕竟国内饲料加工及其养殖市场巨大，人们对肉、蛋、奶的品质要求日益迫切，市场呼唤这些优良木本饲料树种参与其中。对于当下以草本饲料为主的养殖业来说，开发构树饲料并加以利用是一种全新和有益的尝试。构树种养历史久远，在此基础上更进一步，充分发挥木本饲料的作用值得期待。西班牙猪肉之所以享誉全球的一个重要因素是给生猪喂食橡果，人们从中得到的启示是木本饲料在畜禽食物结构中可以有更好的表现，应该给木本饲料树种一个证明自身价值的舞台。正如油料原料由草本植物到木本植物，油料品质得到极大的提升；纸浆原料由草本植物到木本植物，纸浆品质也得到了极大的提升。

林木良种是林业产业发展的基本要素，其特性和品质决定产业化推进的广度与深度，然而在当前构树产业兴盛的背后，品种选育与更替工作进展迟缓，栽培管理措施配套不力，技术储备和创新不足，产业支撑的基础不牢。如果这种局面得不到及时改观将难以满足今后构树产业可持续性发展的需要，难以充分发挥构树多用途多功能的作用，难以全面应对构树产区多种多样的立地条件和生产方式，难以有效协调规模化生产与终端出口对接等诸多关系，而且这些实际问题越来越突出，已经到了必须解决的关键时刻。实践将会证明，只有品质过硬的构树良种，才能经得起市场的严酷考验，助力构树产业行稳致远。

材饲兼用型构树（简称兼用型构树或兼用构树）是基于构树发展现状而培育出来的，是建立在品种选育的新理念，即根植一线、面向市场、品质出众、道法自然基础上的产物。材饲兼用型构树可以依靠自身特点，充分发挥构树各器官多功能作用，展示出别具一格的存在价值。在乔木化利用方面，一是可以作为用材林，主干生产木材，侧枝生产饲料；二是可以作为果用林、菌材林、药用林，生产食品和药品；三是可以作为绿化树种，满足环境美化的需要。在灌木化利用方面，可以全株生产饲料，方便机械化操作。更重要的是，在特定的条件下，通过人为调控，可以实现乔木化利用和灌木化利用的双向转变。这种功能的转变，有利于构树生长的生理休整、高低错落的立体栽培、间伐和套种，使构树蕴育的潜能得到淋漓尽致的释放。

材饲兼用型构树与当前主栽的构树品种相比，其优势还在于：第一，在云南、贵州和四川等多山地区、在雨水充沛、在劳动力紧张和不适宜机械化操作的地区，材饲兼用型构树的实用性更大；第二，在矿区生态修复、荒山绿化、喀斯特地貌覆绿等环境治理方面，材饲兼用型构树的功效性更强；第三，在国家储备林、生态廊道和工业用材林等公益林或商品林建设方面，材饲兼用型构树的应用性更胜；第四，在面临多年、多次持续采收而造成的树木早衰和产量逐年降低情况下，材饲兼用型构树应对办法更多，从而能够更为有效地解决实际问题。

材用性和饲用性是构树最具商业开发价值的两项功能，两者并重或各有侧重是构树产业发展的立足点和发力点。构树产业应坚持“发展才是硬道理”的经营方向，充分发挥构树的特点和作用，遵循因地制宜、因树施策的原则，宜“饲”则“饲”、宜“材”则“材”，走出一条务实和灵活的构树产业发展之路。

当前，“林—料—畜”（饲料林—饲料—畜牧业）是构树产业发展的主要路径，但是现实中突出的情况是，构树产业前端和产业后端发展不均衡，规模化种植的结果是既不能按应有的次数采收，也不能按应有的时间采收，种植收益与预测收益相去甚远，生产与市场严重脱节，产出与投入不成正比。而另一种产业发展路径，“林—料—加”（材饲兼用林—木本饲料—木材加工）则刚刚起步，推广面积不大，但其发展势头良好，生命力较强，为构树产业发展的多元化和经营的多样化提供了更多的选择。不同产业发展路径的存在都离不开适合它的土壤，只有充分了解和认知各自的长处和短处，扬长避短，才能在商机和风险并存中获得永生；不同产业发展路径也不是一蹴而就的，还需要在实践中进行修正和完善，使其价值得以充分发挥，最终形成生产—消耗—再生产—再消耗的产业闭环和良性循环，从而达到农业增效、农村增绿、农民增收的目的。

多年来，林木资源利用的实践表明，一个优良的品种，能够兴起一个产业，造福一方百姓。油茶良种带动了木本粮油产业的发展，杨树和桉树良种带动了工业用材林的发展。我们有充分的理由相信，材饲兼用型构树良种一定会大有作为，助推构树产业再上一层楼。万物因得本而生，百事因得道而成，期望材饲兼用型构树的春天早日到来！

本书作者长期从事构树的研究与推广工作，无论构树产业处于发展的高峰期，还是低谷期，对构树及其相关产业都情有独钟，对构树未来的发展始终都充满信心，我们十分愿意把近年来的研究成果和心得体会与大家一起分享。本书紧扣当前构树产业发展现状，用事实和数据说话，注重实际体验，探究产业推进过程中触及的深层次的技术问题，希望本书对从事相关工作的同行和朋友会有所帮助。由于撰稿时间仓促，作者才疏学浅，而且构树的发展还处于认识与再认识的渐进过程，书中出现这样或那样的不足，在所难免，欢迎读者不吝赐教，予以批评指正。

本书在撰稿过程中得到中国林业科学研究院林业研究所、中国农业科学院农业资源与农业区划研究所、中国农业科学院饲料研究所、河南省林业科学研究院、洛阳市农林科学院、北京天地禾木林业发展有限公司、安徽宝楮生态农业科技有限公司、山东陌上源林生物科技有限公司、陕西中楮农牧生态科技有限公司、山东汇发农业发展有限公司、湖南德荣林业有限公司、山东北湖省级旅游度假区园林服务中心等单位和个人的大力支持，在此表示诚挚的谢意！

著 者

2019年12月

目 录

第二章　材饲兼用型构树品种在各地的表现及开发前景

第三章 材饲兼用型构树的苗木培育技术

第四章 材饲兼用型构树的造林技术

第五章　材饲兼用型构树的抚育技术

第六章　材饲兼用型构树的采伐与更新

第七章　材饲兼用型构树的枝干利用

第八章　材饲兼用型构树的叶花果利用

第九章　材饲兼用型构树种养一体化的应用实例

第一章

材饲兼用型构树品种的选育及主要特征

第一节　材饲兼用型构树品种的选育

一、品种选育的原则

首先确定育种目标，并以此为出发点，开展优良品种的选育工作。材饲兼用型构树品种选育确定的目标：一是性状优良，二是抗逆性强，三是满足多用途开发的需要。具体地说，性状优良是指干形直立，出材率高，生长速度快；枝繁叶茂，生物量大；叶片肥厚浓绿，蛋白质和生理活性物质含量高。抗逆性包括抗寒、抗旱、抗病虫、耐瘠薄、耐盐碱等。多用途是指除了生产用材或饲料等主要用途外，兼顾花果器官的利用，满足兼用型构树全方位多功能开发的需要。

由于构树是雌雄异株植物以及为了满足品种搭配和授粉受精的需要，选育出的品种至少应既要有雄株，也要有雌株，而且要求两者都能进行正常的营养生长和生殖生长，保证构树春花秋实，丰花丰果，奠定差异化使用的基本条件。

二、品种选育过程和品种鉴定（认定）

1. 品种选育过程

构树主产于中国，野生半野生资源十分丰富，加之各地气候地理条件的不同，构树个体在形态、结构和功能上差异很大，特别是在干形、叶形、皮色和叶色上，由于这些数量巨大和分化明显的个体存在，为进行构树种质资源的收集、保存和利用提供了大量和宝贵的第一手材料，也为开展构树实生选育和杂交育种工作奠定了优越的物质基础。

林木实生选育的过程一般要经历几个阶段，耗时数年才能完成。各阶段的主要任务是：首先摸清家底、确定育种目标；选定符合育种目标的若干表现优良的单株，分单株无性扩繁至一定数量；参加多年多点的田间测试；根据测试结果，优中选优；筛选出的单株经过审定或认定，最后形成品种。

材饲兼用型构树品种严格遵循林木品种的育种程序而获得，具体的选育过程是：在通过查阅和分析构树有关资料的基础上，选定构树资源丰富的区域作为野外调查的重点，实地选出68个表型优良的构树作为初选单株，现场做好苗木登记和编号工作。随后，在适当的季节分株采集枝条进行扩繁，从同一植株采集的枝条均为同一编号。扩繁采用硬枝扦插方法，每个编号的单株繁育出足够数量的苗木，具体数量以满足各试验要求为准。参试的苗木力求生长状态相近，以确保试验材料的一致性、减少试验的系统误差。

试验前，按照试验地的基本情况，绘制完成苗木定植图。试验时，相同编号的苗木分成若干区组（重复）与其他编号的苗木（包括对照）随机区组进行排列，所栽苗木按照定植图所在位置分区组定点种植。为了避免边际效应、保持参试苗木生长条件的一致性，周边设置了保护行。田间试验分为无性系对比试验和区域试验。多年多点试验结束后，根据调查结果和数据分析进行综合评判，从中筛选出数个表现优异、特点突出，符合育种目标的优株。

优株确定后，还可进行不同栽植密度等测试，进一步考核和验证品种性状。待优株获得一定数量和种植面积后，方可进行品种申报。优株通过林业部门审定或鉴定（认定）才能成为真正意义上的品种。一旦定义为品种，品种名取试验编号，原先的试验编号不再使用。

2. 品种鉴定（认定）

材饲兼用型构树新品种是桑科（Moraceae）构属（*Broussonetia* L′Hért. ex Vent.）植物。材饲兼用型构树新品种选育与应用项目均已通过部省级林业部门组织的林木品种审定委员会的鉴定（认定），其评价结论是：项目选题正确，技术路线合理，研究方法科学，结论可靠，整体达到国内先进水平。

此外，材饲兼用型构树新品种进入国家林业和草原局林木良种推广库，建议在适宜种植范围推广。

三、材饲兼用型构树的品种特性与饲用价值

材饲兼用型构树涉及多个品种，下面主要以饲构1号和材构1号品种为例，说明其相关特性。

1. 饲构1号

（1）饲构1号的特性

饲构1号构树干形直立，树冠开张，枝干有刚毛，树皮棕色或花白色，枝条斜向生长，前端略有向上弯曲。叶片较大，叶面积平均为229cm^2、叶长平均为21cm、叶宽平均为10cm，平均单叶重量达4.7g，叶面有厚柔毛；叶柄长平均为8.43cm；叶杆重量比达到

1.556。雌花序球形头状，苞片棍棒状，顶端被毛，花被管状，顶端与花柱紧贴，子房卵圆形，柱头线性，被毛。聚花果直径1.5～3.0cm，7—9月成熟，成熟时橙红色，肉质。

饲构1号喜光耐阴，喜水但不耐水湿或积水，在河道沿线、沟渠两旁、水稻田边生长良好。其适应性范围广，对土壤和气候条件的要求不严，耐干旱贫瘠，抗污染能力强。在北京地区，一年生苗木越冬，枝梢有干枯现象，耐寒性弱于材构1号。

（2）饲构1号的饲用价值

饲构1号叶片浓绿肥厚，营养成分丰富，含粗蛋白24.10%，含有天冬氨酸、苏氨酸等17种氨基酸，氨基酸总含量为16.82%；粗纤维、粗灰分和钙的含量以及钙磷比低。新生枝条嫩绿粗壮、髓心少或中空，木质素含量低，有效成分含量高。植株的枝干均含白色乳汁（图1-1）。

图1-1　饲构1号全株均含有白色乳汁

（3）饲构1号等构树品种蛋白合成机制的转录组研究

兼用型构树叶片富含蛋白，为了解叶片蛋白含量高低与哪些基因、代谢通路有关，开展了蛋白合成机制的转录组研究。该研究采用PacBio平台对构树全长转录组测序及分析，获得转录组序列49 172个，平均长度为1 850bp，N50为5 410；利用公共数据库NR、KOG、Swiss Prot、COG、GO、Pfam、KEGG对序列进行功能注释和分类。有46 646个Unigene比对到其他物种上；有20 865个Unigene得到COG注释，按照功能一共分为25类；有30 637个Unigene得到GO注释，按照功能一共分为三大类55亚类；有34 801个Unigene注释21个代谢途径大类。

以全长转录组测序结果为参考序列，使用二代测序工作平台，对‘白皮’（BP）、‘红皮’（HOP）和‘花皮’（HP）构树的转录组Unigene进行测序分析，分别得到Unigene 33 519（BP）条、32 810（HOP）条和33 532（HP）条，其中，差异基因（DEG）分别为13 923（BP VS HP）条、12 671（HOP VS HP）条和12 337（HP VS HOP）条。与花皮构树相比，‘白皮’的上下调基因个数差异不大，‘红皮’的下调基因高于上调基因，与‘白皮’相比，‘红皮’的下调基因高于上调。经过对DEG的GO功能注释分类和KEGG代谢通路富集分析得到，DEG功能多集中在代谢过程和次生代谢物合成方面。

2. 材构1号

（1）材构1号的生物学特性

材构1号构树品种干形直立挺拔，枝干有刚毛，树皮灰绿色，枝条斜向平直伸展。腋芽发芽力强，托叶大而不易脱落，抽生的侧枝生长旺盛。叶片浓绿肥大，叶缘浅裂至深裂，叶面有厚柔毛；叶片大小和形状变化大，幼龄叶片最大；叶柄长度和叶杆重量比与饲构1号相近；叶互生或对生。雄花为柔荑花序，粗0.8cm左右，长2～6cm，苞片披针形，被毛，花被4裂；苗木定植后，翌春即可开花，花为混合芽，花与叶几乎同时展开，雄花量大。花期长达20多天，散粉后脱落。在构树生长期间（春季、夏季），通过枝条短截可诱发二次花芽。

材构1号构树品种展叶期在4月中旬，一般比当地其他树种物候期晚，甚至晚于国槐、枣树等较迟发芽的树种，而落叶期与其他树种相当。

（2）材构1号的生态学特性

材构1号与饲构1号的生态适应性基本相同，靠近水源的地方生长健壮，较适合早期密植的条件下栽植。材构1号抗寒性较强，一年生苗在北京地区能顺利越冬，个别梢头有干枯现象，但对生长并无大碍。一年生以上的构树侧枝发生抽梢主要是由于苗木栽植密度过密，林内光照不足，导致枝条不充实，木质化程度过低，冬季温度较低以及容器苗下地较晚等因素所致（图1-2）。

图1-2　同一片构树林经过抽稀后，生长空间发生明显的变化

据北京试点观测，当年7月中旬定植的材构1号构树幼苗进入10月仍在生长，但由于缺乏越冬前的自我保护和调节，待到夜间温度骤然降低至1～5℃时，直接受到早霜为害而引起叶片萎蔫和干枯（图1-3）。相比较而言，当年定植较早的构树幼苗则在入秋后，伴随着气温的降低，经过生长减缓、叶片发黄脱落等一系列生理调整，提早为越冬做好了准备。

图1-3　7月中旬定植的材构1号幼苗进入10月后，因遭受早霜或低温为害而发生形态变化

3. 材构1号与饲构1号生物性状的对比

兼用型构树的两个品种，材构1号与饲构1号除皮色、侧枝伸展状况等性状不同外，其他的一些性状也有差异（表1-1）。

表1-1　材构1号与饲构1号生物性状的对比

构树品种	雌雄性	直立性	生物量	材质硬度	枝/叶重量比	嫩枝髓心
材构1号	雄株（♀）	强	大	较硬	较小	大，中空
饲构1号	雌株（♂）	较强	较大	硬	较大	稍大，中空

四、植物新品种的保护

为了保护植物新品种权，鼓励培育和使用植物新品种，促进农业、林业的发展，中华人民共和国国务院发布了《植物新品种保护条例》，其中第二章第六条规定：完成育种的单位或者个人对其授权品种，享有排他的独占权。任何单位或者个人未经品种权所有人许可，不得为商业的生产或者销售该授权品种的繁殖材料，不得为商业目的将该授权品种的繁殖材料重复使用于另一品种的繁殖材料。2019年2月，农业农村部又发布了修正草案，其主要内容：一是建立实质性派生品种制度；二是全面放开保护名录；三是拓展品种保护范围；四是延长保护期限；五是规范农民权利。

兼用型构树品种已分别在2018年12月11日、2020年2月6日获国家林业和草原局植物新品种权证书（品种权号分别为20180166、20190419）。《植物新品种保护条例》有助于净化苗木生产经营中的乱象，增强植物新品种维权意识，为构树新品种合法合规地应用和推广提供法律依据。

这里介绍一个典型案例，即被林业界称为“林业植物新品种维权第一案”。2011年9月，河北省林业科学研究院与石家庄绿缘达园林工程有限公司以吉林省九台园林绿化管理处（下称九台园林处）未经授权而大量种植美人榆为由，将九台园林处告上法庭。最后由最高法院指定山东法院审理此案。山东法院认定，九台园林处生产授权品种的繁殖材料的行为侵害了品种权人的利益，但同时考虑其行为具有公益性质，判定九台园林处支付品种权人使用费20万元。此后，又有几十家企业因涉及美人榆的侵权行为，补缴品种权人使用费，并达成了有关协议。

第二节　材饲兼用型构树品种的主要特征

一、品种的直立性

干形是树木的重要特征。干形直立是对工业用材林、通道绿化树种的基本要求。直立性强的用材林尖削度小，出材率高，木材加工和利用成本低。工业用材林的两大树种——南方地区的桉树和北方地区的杨树都具有这一显著特征；直立性强的通道绿化树种能够营造出高大挺拔、气势宏伟和整齐干练的壮观景象。

干形性状主要取决于树种的遗传特性。我国构树基因资源十分丰富，个体间的差异大。仅以主干性状为分类依据，就可将乔木型构树大致归纳为3种类型（表1-2），这为开展构树新品种选育和改良工作奠定了物质基础。

表1-2 常见的乔木型构树类型

干形性状	特征描述
直立型	主干直立性强，树体高大，分枝点高，侧枝中到多，冠幅中到大
弯曲型	主干直立形较差，树体高大，分枝点低，侧枝多，冠幅大
丛生型	1个以上的主干，各主干粗度相近或差异较大

材饲兼用型构树的主要品种属合轴分枝，这样的分枝习性决定其能形成独立的主干，且干形通直，具有速生树种的典型特征，但是此种分枝习性与单轴分枝不同，顶端优势明显，但强而不足，易造成侧枝生长旺盛，甚至影响到独立主干的形成，因此借助人为干预十分重要。通过人为干预既可获得理想的树干树形，可用于用材林的生产，也可获得大量的枝叶，应用于饲料原料的生产。材饲兼用型构树的分枝习性是材用、饲用功能及其功能相互转换的基础（图1-4）。

图1-4 材饲兼用型构树的分枝习性

干形表现还与林分的种植密度、整形修剪和田间管理水平等技术措施有关。适当密植有助于构树顶端优势的发挥，促其向上生长，培养和形成直立型的树体结构；构树的侧芽萌发力很强，成枝力也很强，整形修剪有助于对树体纵向生长和横向生长的调控，使树体结构朝着人们预期的方向发展；枝下高修剪有利于树干减少节疤，保持树体的圆满和净干高，提高木材的商品价值。

二、品种的速生性

速生性也是工业用材林的重要特征。材饲兼用型构树的速生性不仅要看树木本身的生长情况，还要与当地主栽的用材树种相互比较，只有表现出一定的比较优势和自身特点，其推广和应用才更有价值。为此，下面以材构1号为例说明兼用型构树品种的速生性（表1-3）。

（1）苗木的生长情况

表1-3　兼用型构树苗木的早期生长情况

生长阶段	定植高度（m）	定植密度		当年生长情况	
		株行距（m）	折合密度（株/亩）	高度（m）	胸径（cm）
第一年	0.15	0.3×1.2	1 850	3.50	3.5
第二年	3.50	1.5×2.4	185	6.80	7.5

注：第一年苗木为容器苗，4月15日栽种；第二年苗木为间苗后的留圃苗。

从表1-3中可以看到，苗木两年累计的生长量：树高为6.8m，胸径为7.5cm，二年的平均树高是3.4m，平均胸径是3.8cm。虽然对苗木生长观测时间不足半个轮伐期，但基于苗木前期生长与后期生长存在较大的相关性，又据翟晓巧等对构树多年生长的研究成果，即栽后3～5年为构树速生期，因此推断兼用型构树品种在一个采伐周期内，不同生长阶段的生长情况应该都是不错的。

（2）不同速生树种的苗木生长情况

表1-4　第一年两种苗木生长情况对比

参试树种	定植初始状态	栽植密度		当年生长情况	
		株行距（m）	密度（株/亩）	平均高度（m）	平均胸径（cm）
材构1号	15cm高的容器苗	0.3×1.2	1 850	3.50	3.5
107杨	15cm长的插条	0.3×1.2	1 850	3.50	2.2

表1-5　第二年两种苗木生长情况对比

参试树种	初始生长状态	栽植密度		2年累计生长情况	
		株行距（m）	折合密度（株/亩）	平均高度（m）	平均胸径（cm）
材构1号	原地生长的1年生苗	1.5×2.4	185	6.80	7.5
107杨	原地生长的1年生苗	1.5×2.4	185	6.20	5.5

107杨是北方地区当前主栽的速生杨树品种，以干直、速生、窄冠、高大著称。第一年设计的栽植密度对两个树种都基本合适，两个树种在一年内都可充分生长；第二年经过调稀后的密度，上半年对两个树种的影响不大，但下半年对两个树种的影响较大，且对构树生长的影响超过对杨树生长的影响。从表1-4、表1-5看到，在相同的密度下，1～2年内的材饲兼用型构树生长快于107杨。结合构树种植现场来看，由于构树生长较快，第二年下半年林内郁闭较早，在一定程度上影响了构树生长，致使全年的生长量有所降低，否则构树的生长

优势更明显。

图1-5　材饲兼用型构树生长过程中，根际土壤表面发生辐射状开裂现象

材饲兼用型构树地上部分的生长与地下部分的生长速度是紧密相关的，地下部分的生长情况也能够准确地反映出地上部分的生长情况。尽管根系分布在土壤中，其生长情况难以直接观察到，但是根系生长的快慢，通过根系活动引起根际土壤表面的变化，可间接地说明地上部分生长的快慢。材饲兼用型构树在速生阶段，其根桩四周的土壤表面常会发生辐射状开裂现象，表明根系在纵向生长过程中，根系的横向生长也在进行，地下部分的快速生长为地上部分的快速生长提供了有力的支撑（图1-5）。

三、品种的抗寒性

在北方寒冷地区，树木的抗寒性是树木能否顺利越冬的关键，抗寒性差的苗木会出现枝条抽梢干枯，甚至植株死亡。北京试点是兼用型构树分布的北界，其越冬性具有重要的参考价值。从三种一年生苗木的越冬情况来看，越冬性由强到弱的顺序依次为材构1号、饲构1号和日本光叶楮（图1-6）。

图1-6　材构1号、饲构1号和日本光叶楮苗木的越冬情况

品种抗寒性对乔木状构树的影响大于灌木状构树。对于材饲兼用型树种，树木的顶端优势十分重要，当主干顶芽受到冻害，可能会干扰正常的高生长，造成多头现象，冠形发散，主干成材率降低，因而引种材饲兼用型构树应了解当地的气候特点，不建议北京以北地区栽种。为了确保苗木的安全越冬，苗木生长的后期要减少肥水管理，控制苗木过快生长，提高苗木木质化的程度，同时在土壤上冻前要浇足冻水，提高苗木的越冬能力。

随着苗木规格的加大，苗木的木质化程度增强，有利于苗木的越冬。在构树分布的北界，应尽量选择大苗，并在春季种植；容器苗木较小，苗木应尽早下地，给苗木生长留出尽可能长的时间。如果小苗枝干越冬出现抽梢干枝现象，翌春可进行平茬或离地一定高度截干，促使苗木形成新的主干，保持苗木的直立性。

四、品种的耐阴性

耐阴性是指植物能够忍耐弱光并继续生存的能力。一般的阔叶树多为阳性树种或中性树种，但构树不仅喜阳，而且耐阴，是少有的一身同时兼具两种不同特性的树种。在生产上，可根据这一特性，在林分密度设计、空间结构设置等方面加以利用，使构树的产能得到充分发挥，提高单位土地面积的产出（图1-7）。

图1-7　构树喜阳，但耐阴性的特性也十分突出

五、品种的安全性

1. 植物材料的安全性

树木优良品种选育可以通过实生选育、杂交育种和生物技术等多种方式获得。为了保证材饲兼用型构树新品种选育成功后，能够获得林业部门的认定和顺利推广，也为了构树根茎叶花果皮能够充分利用，保证作为食材饲材药材原料的安全，更为了从源头上彻底解决以前构树品种推广过程中可能引起的各种质疑和担忧，选择了最为传统的育种方式，即实生选育。

材饲兼用型构树涉及的新品种是自然界已经存在的，保留下来了构树野生资源优良基因和特性，诸如适应性、抗逆性。具备了植物原有的本真和属性，从源头上把控品种材料的安全性，是兼用型构树实施全方位开发利用始终坚守的基本原则之一。

2. 育苗过程的安全性

在构树良种苗木扩繁过程中，采用扦插、根繁等传统的无性系繁育方式，并在育苗过程中通过加强对育苗环境的有效控制，尽量减少或避免激素类植物生长调节剂的使用，注重树木与环境、树木与产业的和谐和友好，实现品种选育和苗木培育的双保险。

3. 与构树利用安全性的有关规定

国家林业和草原局对来自转基因品种的推广有着严格的规定和审慎的审核程序。审核程序中关于转基因品种对人类健康和环境影响的评价需要相当长的时间，目前尚未有一个转基因林木良种获得通过而得以推广；《饲料原料目录》通则中也提到对来自转基因的饲料原料要按照《农业转基因生物安全管理条例》的有关规定办理。

植物生长调节剂已开始实行分类管理，含有激素成分的植物生长调节剂划归农药类产品管理，《农药登记管理办法》对其使用有着严格的管理和规定；不含有激素成分的植物生长调节剂划归肥料类产品管理，其生产、经营、使用和宣传须按照农业农村部《肥料登记管理办法》执行。

构树若作为饲料的原料使用，其生产也要符合农产品的生产规范。农产品分为无公害、绿色和有机三类，每类产品在农药、肥料和激素的使用都有明确的规定，需要严格按照不同的规定或标准执行。

第三节　材饲兼用型构树品种的其他特征

一、品种的雌雄性

1. 雌雄异株及合理化利用

构树是雌雄异株植物，即雌雄不同体，它与雌雄同花植物（如桃树）、雌雄异花同株植物（如核桃）不同。对某一株构树来说，要么是雌株要么是雄株。雌株开雌花，可以形成种子；雄株开雄花，只能提供花粉、满足雌株授粉受精之需，但不能形成种子（图1-8）。了解构树雌雄异株的属性，在生产上才能加以区别和合理使用。

图1-8　构树具有雌雄异株的特性

作为行道树绿化的构树，一定要尽量选择雄株而不能选择雌株，如果选择雌株，发育成熟后的植株就会产生种子，落地的种子会生根发芽，生成的小苗不仅没有利用价值，而且同杂草一样还会对周边的环境和植物产生干扰。在一些绿色通道中常会看到个别构树冒出，有的甚至长成大树，这是其中的原因。

作为矿区修复和荒山绿化的构树，主要作用是植被恢复和防治水土流失，可以通过增加雌株用量，实现人工种植和天然下种相结合，在增加绿量的同时，加快营林建设，降低营林成本。

作为果用的构树，一定要选择雌株作为主栽品种，并配置少量的雄株作为授粉树种，创造授粉受精条件，确保果实形成和丰产。

构树进入发育期，形成生殖器官时，生长中的植株雌雄性容易辨别；但是幼苗在生殖器官未出现或苗木落叶后，仅凭苗木的外观，雌株或雄株难以区分，因而在引种构树苗木时，一是要根据苗木用途合理选择雌株或雄株，二是要确切知晓所进苗木雌雄性。集约化构树栽培一定要从正规的渠道获取苗木，确保苗木来源清楚和品种纯正，避免误用或使用不当给构树生产带来不可挽回的影响。

2. 雌雄性的内部结构与外在表现

叶片是植物进化过程中对环境最为敏感且可塑性较强的器官，并在各种选择压力下形成不同应对逆境的适应类型。由于长期的适应性进化和雌雄性别的分别表达，雌株和雄株叶片解剖结构可能会产生一定的差异。据李娜等对构树雌株和雄株叶片解剖结构特征的比较研究，其结果如表1-6所示。

表1-6　构树雌、雄株叶片解剖结构的比较

指标	雌株	雄株
上表皮厚度（μm）	13.47	14.66
下表皮厚度（μm）	5.95	6.03
叶片厚度（μm）	128.97	129.77
栅栏组织厚度（μm）	77.82	88.06
海绵组织厚度（μm）	31.81	21.63
栅栏组织/海绵组织	2.49	4.09
叶片组织结构紧密度（%）	61.34	67.90
叶片组织结构疏松度（%）	24.97	16.67
木质部厚度（μm）	143.79	154.01
主脉维管束厚度（μm）	377.32	480.66
木质部面积占维管束面积百分比（%）	35.58	39.17

从表1-6可以看出，构树在叶片解剖结构特征上具有明显的性别差别，雄株较雌株更具有更高的保水能力、光合效率、水分和营养物质运输能力，说明构树雄株对环境的适应能力比雌株更强。据此推测，构树叶片在解剖结构上的性别差异可能与生殖分配有关，生殖分配不同导致雌株和雄株生长速度不同。这一研究结果与材饲兼用型构树的两个品种的实际情况相符，材构1号（雄株）的生长速度快于饲构1号（雌株）的生长速度。

构树的解剖结构需要借助显微镜和植物材料切片处理才能观察到，而且构树叶形、厚薄等性状变异很大，仅从叶片的外观上鉴别构树的性别还存在一定的难度，构树的树皮和枝条分枝习性等外部特征也可作为参考的依据。兼用型构树中的两个品种落叶后，主要依据树皮和枝条伸展特征进行区别（图1-9）。另外，对于雌雄异株的树种，雄株不一定比雌株长得快，如杨树雌株在自然界不仅数量多，而且生长速度一般也比雄株快，以前选育出的速生杨树品种107杨、69/72杨、中林46杨、渤丰1号杨均为雌株，只是杨树飞絮的问题得到更多质疑后，杨树新品种选育开始侧重从雄株中去选择。

图1-9　兼用型构树品种雌株和雄株的树皮特征

二、品种的早花早实性

构树新品种选育成功后，接下来的工作就是新品种苗木的扩繁与推广。在此过程中需要从已确定新品种的母体上采集枝条作为插条，此时所用的插条已经包含了母体的全部遗传信息，但是母体的年龄信息常被忽视，没有意识到年龄的传递。例如，当年生的小苗常习惯称之为一年生苗或几个月龄的苗，苗龄一般是按照小苗在苗床或圃地的生长时间来计算的，这种叫法本身没有什么错，但要知晓母体的年龄与幼苗的年龄存在某种联系。实际上，无性繁殖的小苗苗龄应除了小苗本身的苗龄外，还要考虑母体年龄的影响，也就是说小苗的生物年龄应大于其日历的年龄。在枝条扦插育苗时，偶尔可以看到幼苗开花的情况，这就是小苗已携带母体年龄信息的结果（图1-10）；小苗定植后第二年就可开花结实，也是这个原因所致，因为未进入发育期或处在童期的苗木是不可能开花结实的，而苗木进入发育期是需要一定的生长时间的。一般来说，品种苗木比实生苗木发育早，但寿命短。

图1-10　构树枝条扦插时偶尔出现幼苗开花的现象，说明枝条已携带了母体的年龄信息

基于品种苗木的早花早实现象，在生产上就可以有目的地加以利用，做到趋利避害，扬长避短。使用来自适龄母体的枝条而繁育出的苗木，可以在构树果用林的经营中，有效地促进树木提早开花结实；可以在构树用材林的经营中，有效地促进树木快速进入丰产期

或速生期；在第3轮（代）构树萌生林采伐后，就要考虑除去老桩，经过土壤处理重新造林，避免因根桩年龄的老化，导致树木的生长势走弱，影响下一轮（代）应有的种植收益。

三、树种更替与耕地恢复

构树生长十分顽强，在屋顶和墙角都能看到它的足迹，这些都给人们留下了十分深刻的印象，以至于在引进构树种植时自然会引起人们的一些担忧，万一构树种植若干年后，如果要改换成其他作物或树种，是否有行之有效的办法把地里的构树清除干净？地里的构树残根对下茬作物或树种影响如何？

实际情况是，构树可以根繁，试图通过挖根的方式的确一次性很难清除干净，残留下的根系还会长出苗来，但是根据构树根系特性选择适当的方式，也能获得以较低的成本将摈弃的构树所造成的影响降到最低，甚至达到彻底清除的目的。

现在主要的办法有如下三个方面。

一是依据构树苗木，尤其是小苗不耐水湿、根系长时间浸泡在水里极易发生死亡的特性，利用自然地形作成围堰，依靠雨季降水进行局部积水，营造出不利于构树生长的环境，让构树自然而快速死亡。在构树的种植区经常能看到，积水后的构树枝叶发黄，甚至出现大面积死亡的现象，这从另一个侧面说明，可以利用积水有意识地造成构树死亡，从而达到根除构树的目的。

二是使用草甘膦、环嗪酮等传导型灭生性除草剂，利用其斩草除根的特性进行灭杀。为了强化灭杀效果和降低除草剂的用量，可先行对构树进行平茬，待其长出新叶后再用药剂进行针对性喷雾，促其死亡。草甘膦和环嗪酮灭杀构树的效力不同，环嗪酮威力更大一些，主要用于开辟森林防火道，而且残效期长，但要注意施用后不宜短时间内种植下茬作物；草甘膦残留对下茬作物影响不大，施用一周后就可以种植下茬作物。

北方地区主要种植玉米和小麦两茬作物，这两者作物均为禾本科植物，可以利用2,4-D丁酯除草剂灭除不用的构树效果也很好。禾本科植物在其4～5叶期具有较强的耐药性，是喷药的适期。此时喷药对禾本科植物影响不大，但对构树会造成较强的杀伤力。2,4-D丁酯对人畜安全。

三是利用构树采收后需要一段时间，通过生长恢复树势，如果频繁而连续收割容易导致树势衰弱直至死亡，尤其是9月、10月前后，构树生长由旺盛生长转向缓慢生长，且树体营养积累处于全年最低、根桩萌芽力最弱的时候。适时采用物理方式进行灭杀，也可获得理想的效果。

为了确切了解构树净根后对下茬作物的影响，我们做了有关的试验。春季，地里的构树根用钩机挖出后种植玉米，玉米出苗快，很快占据了土地，构树对玉米生长没有形成威胁，即使以后有构树苗出现，对构树生长也无大碍。下面是同一块土地构树清理前的生长情况和构树清理后玉米的生长情况（图1-11）。

图1-11　清除构树林后的残根出苗情况及玉米复耕情况

这里要说明的是，使用人工挖根而不是用钩机挖根，残留在土壤中的构树根系会发出更多的小苗，但是经过机械深翻后，将露出地面的根系捡拾出来，土壤出苗率会大幅减少。只有较浅土层中的根能长出苗来，深层土壤中残存的根很难长出苗，因此种过构树的土地经过简单处理，构树对后茬作物的影响可防可控。

四、材用与饲用功能的转化

1. 材用与饲用功能的转化

材饲兼用型构树的主要用途是生产木材，但树木生长过程产生的侧枝可作为饲料原料，从而实现构树材、饲两用，这是兼用性构树乔木化利用的主要方式；在特定条件下，如为了获取大量的饲料原料而营建的饲料林或在现有的林木，通过采用平茬等措施改变树体结构，调整林分密度，也可达到大量生产饲用原料的目的。平茬后的根桩可以萌生出大量的枝条，呈丛生状，再经过多次采收，树木的直立性已严重弱化，乔木的重要特征已完全丧失，树体呈现灌木型结构，这是兼用性构树灌木化利用的主要方式。

材用与饲用是构树多种功能中最具开发价值的两大功能，兼用构树一树多能，并可以实现两大功能的双向转化，既可以材用为主的功能向以饲用为主功能的转化，也可由以饲用为主的功能向以材用为主功能的转化。合理利用功能间的相互转化，可以在生产上获得有意义的收获。一是连年刈割后，构树会逐年减产，这个过程是不可逆的，补充营养可以推迟减产时间的到来，但不能改变衰败的趋势。在合适的时间，可通过保留一个主枝，疏除其余枝条的办法，使其恢复原本的乔木树形。乔木树形有利于苗木恢复树势，且不影响单位土地面的收益，而一般的灌木状构树则没有更好的办法；二是营建用材林一般初植密度较大，随着林木的长大需要间伐，而隔行隔株间伐后，不仅可以为留下的林木继续生长打开了更大的空间，而且间伐后的构树根桩诱发的大量枝条，可作为饲料的原料；三是调整后的林分，树体高低不同、隔行相错的构树搭配，可以充分利用地上空间，实现立体化栽培。

材饲兼用型构树树体结构的转换是基于其四个方面的属性，一是顶端优势明显，能够确保树体向上生长；二是根系发达，固着力强，根系能够为高大的植株提供支持；三是发芽力和成枝力强，侧枝伸展有力；四是耐修剪，树势恢复快，便于调控。与其他树种相比，整形修剪对兼用型构树的作用和意义十分重要。

2. 材用与饲用功能的转化效果

（1）乔木状向灌木状的转化效果

为了掌握对构树不同高度截干的效果，以具有独立主干的材构1号为试材，设立了3种处理，即离地高度0cm、20cm和40cm处平茬或截干的试验（图1-12）。年初处理，年底调查。3种试验的调查结果，如表1-7所示。

图1-12　3种不同离地高度截干效果的试验

表1-7　兼用构树不同高度截干的效果

测量内容	不同的离地截干高度					
	0（cm）		20（cm）		40（cm）	
生物量鲜重	5.20（kg）		4.88（kg）		4.20（kg）	
	枝条粗度（cm）	条数（个）	枝条粗度（cm）	条数（个）	枝条粗度（cm）	条数（个）
一级枝	0.9 ~ 1.3	4	0.3 ~ 0.7	2	0.6 ~ 1.2	2
	1.7 ~ 2.2	3	1.0 ~ 1.4	4	1.9 ~ 2.7	2
	3.2 ~ 4.8	3	3.5 ~ 4.9	3	3.2 ~ 5.0	3

从表1-7可以看到，兼用型构树主干的截干部位越低，一级枝条的数量越大，生物量也越大。据此断定，乔木状易于实现向灌木状的形态转化，并在转化过程中，根桩的萌蘖力强，生物量不降反升。此外，为了获取更大的生物量，可以尽量降低截干的高度。

（2）灌木状向乔木状的转化效果

兼用型构树从灌木状向乔木状转化的过程中，外部特征发生了明显变化，而且随着苗龄的增加，主干的直立性越强。据此断定，灌木状易于实现向乔木状的转化，并在转化过程中乔木性状更加突出和优异。下面的图片记录了这一转化过程（图1-13）。

图1-13　兼用型构树从灌木状向乔木状的转化过程及其他构树品种进行干形培养的尝试

3. 不同树体结构的生长效果

兼用构树的树体结构主要有3种，即高干型、中干型和低干型或丛生型。低干型构树经过多次平茬，会逐渐向丛生型过渡。不同树体结构的冠形、冠幅大小以及枝条的位置、分枝角度、朝向和数量都不同，导致受光面积、光合效率、最终生物产能也各有不同。为此对3种树体结构的树高、地径、冠幅和生物量等数据进行测定，了解它们之间的差异，为生产上因树施策、随树作形提供理论依据（图1-14和表1-8）。

图1-14　3种不同树体结构的生长效果

表1-8　兼用构树3种不同树体结构的生长结果

树体结构类型	高度（m）	地径（cm）	冠幅（m）	生物量鲜重（kg）	主干特征
高干型	5.1	6.4	2.2	4.6	分枝点高
中干型	4.2	5.5	2.6	3.9	分枝点中
低干型（或丛生型）	3.7	9.7	1.8	7.7	分枝点低

从图1-14和表1-8可以看到，一是兼用型构树具有较强的直立性，在自然的生长状态，独立的主干都会形成，但顶梢受冻或人工处理，可促使枝条分枝或形成多头现象。根据构树培养的目的，可通过人工修剪，使树形向着人们期望的方向发展；二是干形和生物量是兼用型构树最重要的两个指标，兼顾尽可能多的指标优势的树体结构才更有应用价值。高干型结构的构树直立性较强，但生物量不及灌木型结构的构树，这与主干形成和生长期间的侧枝修剪量有很大的关系，一旦1～2年整形修剪过程完成，高干型结构的构树能够保留较多的枝叶，有助于提高生物量的积累，实现干形和生物量的完美统一。低干型或丛生型结构的构树生物量最大，表明此结构可用于培养灌木形的饲料林，其原有的主干可通过一年多次刈割弱化，使萌生的丛生枝条粗度相互接近。中干型结构的构树特点不突出，只能作为一种树体结构存在，实用性不强。

五、兼用型构树根系的主要特征

根系是林木树体结构中重要的组成部分，根系的数量、分布和形态都会影响地上部分的生长发育。了解根系的主要特征和习性有助于有针对性地进行土壤肥水管理，通过采用恰当的栽培技术手段，达到事半功倍的林木经营效果。

1. 当年生构树苗木的根系特点

构树良种苗木一般采用扦插繁殖，应用无纺布容器或穴盘育苗技术培育而成。扦插苗与有性繁殖的籽播苗不同，没有明显的主根，不属于主根系；扦插苗与严格意义上的须根系也有所不同，构树发出的侧根粗细不等，分化明显。构树无纺布容器苗入地后，根系会穿透无纺布容器侧壁进入到土壤中。随着时间的推移，苗木的根系不断增粗和伸长，以获得足够的养分和水分，满足构树地上部分快速生长的需要。当年生不同规格的构树苗木根系的生长情况见图1-15和表1-9。

图1-15　当年生不同规格的构树苗木根系的生长情况

表1-9　当年生不同规格的构树苗木根系的生长情况

编号（规格）	地径（cm）	树高（m）	冠幅（cm）	根幅（cm）	根深（cm）	根/冠比
1号（大）	2.6	1.9	75	110	38	0.62
2号（中）	1.7	0.96	65	80	24	0.80
3号（小）	0.8	0.45	40	45	13	0.76

注：地径是指离地高10cm处的苗木直径。

从表1-9可以看到，当年生3种规格的构树根幅均大于冠幅，表明地上部分快速生长的同时，地下部分的生长也在进行，尤其是样株1号的根幅已超过苗木的行间距（株行距是0.5m × 1m），根系已经分布于行间下的土壤，相邻行间根系的交织先于地上部分枝叶封垄。3种规格的构树的根系在横向生长的同时，也在向下伸展。苗木规格越大，根系分布得越深。当年生构树根系的生长状况可以说明顺行施肥的合理性，为结合降水撒施尿素这种省时省力的施肥方式提供了理论依据。

3种规格的构树根冠比介于0.62～0.80，数值均小于1，表明地上部分的生长量大于地下部分的生长量，并且随着苗木的长大，最终的根冠比逐步减小，并趋于相对稳定。

2. 2年生构树苗木的根系特点

以胸径为7～8cm的2年生兼用型构树苗木为例，说明苗木根系的生长情况。图1-16是根系在土壤分布的剖面以及根系拔起后悬空的照片。同时，对样株的地上部分和地下部分进行测量，其结果如表1-10所示。

图1-16　构树根系在土壤分布剖面及拔起后悬空状况

表1-10　2年生构树苗木根系的生长情况

样株编号	胸径	树高	冠幅	根幅	一级侧根		
					数量	粗度	深度
1号	7cm	5.8m	3m以上	4.5m以上	6个	1.5～2.8cm	35cm
2号	8cm	6.5m	3.5m以上	5.5m以上	5个	2.2～4.5cm	40cm

从图1-16和表1-10可以看到，兼用型构树的一级侧根十分发达，横向生长远大于纵向生长。一级侧根具有典型的浅根特征，集中分布在土壤表层。但是，这种根系特征与土壤肥力和管理强度有直接关系，如果土壤瘠薄缺水，会驱使根系向下伸展，使得根系纵向生长凸显，根系的分布和特征会发生相应的改变。因此，构树耐瘠薄不等同于喜瘠薄，如果条件许可，应选择土壤肥力较好的地方，通过加强肥水管理，促进构树更好地发育

生长。

兼用型构树与经过移栽的相同规格国槐相比，其根系的一级侧根和二级侧根的数量较少，根系的密集程度不足，这主要是由于是否采取了断根等物理控根的措施。因此，为了促进兼用型构树苗多级侧根的产生，一是构树容器苗下地前充分炼苗，并借助控根容器，实施空气和物理断根，培育出高品质的容器苗；二是造林时，采用经过圃地培育的裸根苗进行两次定植。裸根苗起苗过程，实际上就是物理断根过程。较长的侧根被切断，留下的根会产生大量的次级侧根。通过不同的控根方式和多次断根，苗木的根量会大量增加，有助于大规格苗木土球挖取和提高苗木移栽的成活率（图1-17）。

图1-17　相同规格的构树（未断根）与国槐（已断根）根系的数量、形态和分布的对比

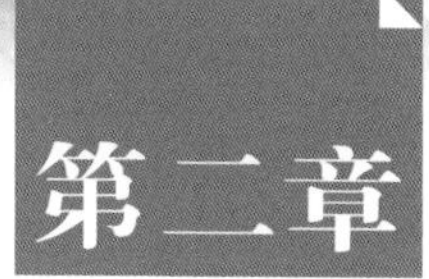

第二章

材饲兼用型构树品种在各地的表现及开发前景

第一节　材饲兼用型构树品种在各地的表现

一、北京试区材饲兼用型构树品种的生长情况

1. 北京房山试点的基本情况

（1）所在区域气候和土壤情况

北京房山试点位于北京西南，西高东低，平均海拔高度为43.5m。这里属暖温带半湿润大陆性季风气候，夏季炎热多雨，冬季寒冷干燥，春秋短促，无霜期为191天，年平均气温10～12℃，年平均降水量为600mm，降水季节分配不均匀，70%的降水集中在7—9月。

（2）试点栽培管理情况

北京房山试点设置在苗圃内，前茬植物是绿化苗木。该试点水电设施齐全，能够满足构树生长对需水要求，浇水主要采用喷灌。构树施肥主要是尿素，全面撒施，施后喷水或结合降水施入。一年施肥2～3次。

2. 构树幼苗生长情况

苗木定植采用的是无纺布容器苗，下地时的苗木高度为12～15cm。苗木生长到50cm高时，选留一个枝条作为主干，其余枝条全部剪去，完成定株。其后在苗木主干生长过程中，及时抹掉苗干上的侧枝，一般侧枝长度不超过15cm。构树幼苗的生长情况如表2-1所示。

表2-1　北京房山试点构树幼苗的生长情况

测试品种	种植时间	栽植密度		平均苗高（m）	平均地径（cm）	地径/苗高
		株行距（m）	折合密度（株/亩）			
材构1号	6月24日	0.5×0.6	2 220	2.5	2.0	0.8

（续表）

测试品种	种植时间	栽植密度		平均苗高（m）	平均地径（cm）	地径/苗高
		株行距（m）	折合密度（株/亩）			
材构1号	7月18日	0.5 × 0.9	1 480	1.3	1.6	1.23

注：幼苗的平均高度和地径是落叶后测得；地径为离地高10cm处的苗木直径。

从表2-1可以看到，同一构树品种种植时间虽仅相差24天，但两者苗高生长的绝对差异1.2m，相对差异92%。分析其中的原因主要是，7月中下旬以后，构树生长势头不减，但是较早种植的构树幼苗度过缓苗期后，留给其生长的时间相对较长，期间的温度相对较高，生长条件相对较好，生长量也就相对较大，而较晚种植的构树幼苗度过缓苗期后，留给其生长时间相对较短，外部条件相对较差，这样较晚种植的构树幼苗就与较早种植的构树幼苗在生长量上就拉开了距离。

与高生长相比，不同种植时间构树地径相差没有那么大，先后种植的构树地径生长绝对差异0.4m，相对差异25%。分析其中的原因主要是种植密度在起着关键的调控作用。通过两种栽植密度的地径/苗高的对比，结果表明：种植密度大，苗木的地径相对细；种植密度小，苗木的地径相对粗。

从试点的现场来看，对于同一时间成片种植的构树幼林，林内的构树高生长好于外围的；相对密植的地方，构树高生长好于相对稀植的地方。这个试点不仅有这种现象，其他的试点也有这个现象，该现象十分普遍。

3. 构树苗木第二年的生长情况

试验采用兼用型构树中的雄株，并在15cm高的容器苗定植一年的基础上，通过隔行隔株抽稀，形成现在的构树测试林。调整后的林分株行距为1.5m × 2.4m，对应的栽植密度为185株/亩*。选取靠南的第2行的9个单株以及林内最大的1株作为调查的样株。第二年年底测得的胸径生长量汇总如表2-2所示。

表2-2　北京房山试点构树定植第二年胸径生长的原始数据（cm）

样株编号	调查日期							
	4月17日	5月17日	6月17日	7月17日	8月17日	9月17日	10月17日	11月17日
1号	5.0	5.5	5.9	6.4	7.4	8.1	8.4	8.4
2号	3.5	3.8	4.2	4.8	5.1	5.4	5.4	5.5
3号	3.6	3.9	4.4	5.3	5.9	6.2	6.2	6.3

* 1亩≈667m^2，15亩=1hm^2，全书同。

（续表）

样株编号	调查日期							
	4月17日	5月17日	6月17日	7月17日	8月17日	9月17日	10月17日	11月17日
4号	3.6	4.1	4.6	6.0	6.4	6.9	7.0	7.0
5号	3.6	3.9	4.7	5.6	6.6	7.0	7.3	7.3
6号	3.6	3.9	4.8	6.2	7.2	7.3	7.5	7.5
7号	4.1	4.6	5.6	6.3	7.1	7.4	7.4	7.4
8号	3.4	3.7	4.4	5.3	6.2	6.4	6.4	6.5
9号	3.9	4.4	5.2	5.9	6.5	6.7	6.8	6.8
10号	5.3	5.8	7.4	9.5	10.3	10.8	11.0	11.0

从表2-2可以看到，北京房山试点兼用型构树10月下旬基本就停止生长了。伴随夜间温度的下降，林内叶片泛黄、脱落，透光性增加。与周边其他乔木树种相比较，构树表现出芽苞萌动较晚，生长结束时间相近，整个生长期相对短些，休眠期相对长些。

为了更清晰地阐述和分析构树一年中不同时期的生长情况，将表2-2按纵横两个方向进行梳理，生成下面两个表格（表2-3和表2-4），并以此展开分析与讨论。

表2-3　北京房山试点构树第二年不同时期胸径均值及环比增幅（cm）

汇总内容	调查日期							
	4月17日	5月17日	6月17日	7月17日	8月17日	9月17日	10月17日	11月11日
全部样株胸径均值	4.0	4.3	5.1	6.1	6.9	7.2	7.3	7.4
样株均值环比增幅	0.0	0.3	0.8	1.0	0.8	0.3	0.1	0.1

从表2-3可以看到，所有样株6月中旬至7月中旬的生长量全年最大，5月中旬至6月中旬以及7月中旬至8月中旬次之。按理说，7月中旬至8月中旬这个时间段，天气、水热条件最好，苗木的生长本应最快，同样8月中旬至9月中旬这个时间段，苗木生长也应不差，但表2-3中的测量数据都没有反映出苗木应有的生长量，苗木生长过程中可能受到某些因素的制约。通过现有数据结合实地观察，作出的推测是该阶段数据没有达到预期生长指标应与苗木栽植密度和林分郁闭度变化有关。早期林内空间大，苗木生长较快，后期林内过早郁闭，造成林木采光及其光合作用受到影响。从每月定期调查的现场照片也可说明一些问题（图2-1）。

图2-1　构树第二年5—9月林分郁闭度的变化情况

表2-4　房山试点构树第二年不同单株年均胸径增量和株均胸径增幅范围（cm）

汇总内容	样株编号									
	1号	2号	3号	4号	5号	6号	7号	8号	9号	10号
单株年均胸径增量	3.4	2.0	2.7	3.4	3.7	3.9	3.3	3.1	2.9	5.7
株均胸径增幅范围	2.0 ~ 5.7									

从表2-4可以看到，构树单株年均胸径增量为2.0 ~ 5.7cm，平均为3.4cm，此数值略高于107速生杨（对照）的生长速度，但低于构树生长的预期值，这与前面分析的某时段生长速度明显下滑，拉低了当年的胸径生长的平均值有关。种植密度对林分中的各个单株生长起着关键的调控作用。杨树和桉树中小径材的密度一般在90 ~ 110株/亩，本试点构树种植密度为185株/亩，构树密度远超两个常见的速生树种。构树具有耐阴性，适度耐阴有利于

干形的直立，但密度过大仍不利于构树生长，构树种植密度定在120～150株/亩为宜。

4. 构树苗木2年生长情况

下面以照片形式将苗木两年生长过程中的重要节点记录下来，以便从形态、生长量、林内郁闭度等多个视角，更直观地了解材饲兼用型构树的生长情况（图2-2）。

图2-2　材饲兼用型构树定植2年的生长历程

二、河南试区材饲兼用型构树品种的生长情况

1. 西华试点材饲兼用型构树品种的生长情况

（1）西华试点的基本情况

①所在区域气候和土壤情况。西华县位于河南省中部偏东，地势平坦，土层深厚，海拔高度在47.8～55.8m。西华县属暖温带半湿润气候，四季分明，光照充足，年平均气温为14℃，平均降水量为750mm，平均日照时数为1 971h，无霜期为224天，最大风速为10.6m/s。

②试点栽培管理情况。西华试点是水浇地，前茬作物是小麦和玉米。灌溉采用滴灌带，用电或拖拉机带动。前期管理较好，中耕除草及时，苗高50cm时开始定株，侧枝侧芽抹去及时，地旱则浇，全年未施肥。进入8月以后，管理强度降低，主要依靠自然天气条件生长。

（2）构树幼苗生长情况

西华试点以兼用型构树中的雌株为试材，采用的是15cm高的硬枝扦插容器苗于4月20日定植。定植株行距为0.5m×1.2m，密度约为1 100株/亩。生长期间不定期进行生长量测定，其测定结果如表2-5所示。

表2-5　西华试点构树幼苗的生长量

测量项目	测量时间						
	5月23日	6月21日	7月13日	7月26日	8月10日	8月31日	10月28日
苗高（m）	0.2	0.6	1.3	1.5	1.7	2.5	3.0
地径（cm）	未测	0.5	2.3	2.5	2.8	3.2	3.5

从表2-5可以看到，该试点构树生长基本涵盖了全年整个生长期，其中定植后约5周的时间内，苗木基本都处在缓苗阶段，生长量不大，但后期表现出良好的长势；6月21日到8月31日近两个半月时间是苗木生长的速生期，其植株高度生长占到全年高度生长的65%，其地径占到全年的78%；进入9月苗木生长开始减缓，其植株高度生长占到全年高度生长的18%，其地径占全年地径的9%（图2-3）。

图2-3　西华试点构树当年定植苗全年生长情况

与纬度相近的山东冠县试点相比，尽管苗木下地的时间相近，年均气温相当，但西华试点苗木的地径大于山东冠县试点，苗高低于山东冠县试点。据初步分析和实地调查，地径与栽植密度有关，栽植密度大，苗木地径小；栽植密度小，苗木地径大。此外，兼用型构树不同品种生长量存在一定差异，兼用型构树雄株生长量一般大于兼用型构树雌株生长量。

2. 兰考试点材饲兼用型构树品种的生长情况

（1）兰考试点的基本情况

①所在区域气候和土壤情况。兰考县地处豫东平原西北部，地势西高东低，平均海拔为66m。兰考县属暖温带季风气候，年平均气温为14℃，平均年降水量为678.2mm，全年降水分布不均匀，全年日照时数为2 529.7h。试点所在区域为黄河滩区，沙质土壤，保肥保水性差。

②试点栽培管理情况。采用硬枝扦插无纺布容器苗，土地平整后进行地膜覆盖，栽植密度为1 000株/亩。栽后遭遇干旱，旱情较重，但基本能保证苗木用水，灌溉采用自走式喷灌设备，后期主要依靠天然降水。株高1m开始抹芽，抹芽间隔时间稍长，株高2m以上不再抹芽。全年无施肥。

（2）兰考试点构树幼苗的生长情况

兼用型构树雌株和雄株分别在5月10日、6月10日后栽植，较早栽植的构树成活率高，较晚栽植正赶上高温缺雨天气，此时土壤墒情较差，土温较高，浇水根不上，造成构树的成活率不高。结果分析认为，如果以后再遇到这种情况，应先将地洇湿，再行种植，这样效果就会好得多。下面以兼用型构树雌株为测试对象，记录了苗木在某一时段高生长情况（表2-6）。

表2-6　兰考试点构树幼苗某一时段高生长情况（m）

测量时间	样株编号									
	1	2	3	4	5	6	7	8	9	10
7月26日	0.85	0.76	0.56	0.77	0.71	0.67	0.95	0.86	0.66	0.67
8月9日	1.22	1.14	0.9	1.14	1.13	1.05	1.34	1.28	1.14	1.16

从表2-6中可以看到，抽取的10株构树苗木13天的生长量是：平均长高40.4cm，平均每株每天长高3.1cm，其中10号样株每天长高3.8cm，可见构树在速生期间高生长每天都在发生显著变化，且快速积累生物量。为了实现构树年生长的最大化，一是苗木尽量早下地，尽早度过缓苗期，以最佳状态进入水热条件最好的季节；二是速生期，苗木消耗的肥

水量大，肥水管理一定要跟上，充分满足苗木快速生长的需要；三是及时定株和抹芽，促进主干的早日形成，确立苗木向上生长的优势（图2-4）。

图2-4　兰考试点构树幼苗定植后的生长情况

三、河北试区材饲兼用型构树品种的生长情况

1. 遵化试点的基本情况

（1）所在区域的气候和土壤情况

遵化市是河北省燕山南麓著名的山间盆地，周围由燕山余脉所环绕，盆地内是由蓟运河水系的沙河、黎河等冲积洪积而成的大平原。土壤肥力中等偏上。遵化市属暖温带半湿

润大陆性季风气候，其特点是四季分明，季风盛行，春季干燥多风，夏季炎热多雨，秋季昼暖夜寒，冬季寒冷少雪。遵化是河北省多雨中心之一，降水季节分配不均，夏季月份降水量占全年降水量的77%；春季降水、秋季降水分别占全年降水量的8%和13%；冬季降水量只占全年降水量的1%。全年日均最低气温是8℃。

（2）试点栽培管理情况

前茬植物是绿化苗木，栽植密度约为1 000株/亩。苗木定株抹芽及时，直立性强。大水漫灌5次，施复合肥2次。中耕机每15天左右旋地1次，圃地保持基本无草。

2. 构树幼苗生长情况

采用兼用型构树雄株，6月底7月初分两次完成定植，密度为1 000株/亩。本试点年均气温较低，10月底苗木全部枯黄或落叶，此时测量的结果是：苗木平均高度为1.5 ~ 2.5m，平均地径为2 ~ 3cm。下面以图片形式展示苗木不同时期的生长情况（图2-5）。

图2-5　遵化试点构树苗木不同时期的生长情况

四、山东试区材饲兼用型构树品种的生长情况

1. 冠县试点基本情况

（1）所在区域气候和土壤情况

冠县处于鲁西北黄泛平原，系华北平原的一部分。地势开阔平坦。海拔高度为35～42.5m。冠县属暖温带季风区域大陆性半干旱气候，四季分明，光照充足，无霜期较长。春旱多雨，雨热同步，盛夏初秋多雨，晚秋易旱，冬季干冷。年平均气温为13.1℃，平均降水量为576mm。

（2）试点栽培管理情况

前茬植物是杨树，清除后栽植构树。栽苗前，每亩施入3m^{3}鸡粪做底肥，生长期间未追肥。土地平整后，地膜覆盖。一年浇水5次，采用漫灌。苗高50cm左右定株，苗干高1m左右抹芽。

2. 构树幼苗生长情况

采用硬枝扦插无纺布容器苗，品种为构树兼用性构树雄株，4月中旬定植，株行距0.35m × 1m，定植密度约1 900株/亩。其测定结果如表2-7所示。

表2-7　冠县试点构树幼苗高生长情况（m）

样株编号	测量日期				
	7月14日	8月5日	8月20日	9月10日	10月28日
1号	1.5	2.2	2.9	3.2	3.5
2号	1.2	1.9	2.6	3.1	3.5
3号	1.2	1.7	2.4	3.0	3.2
4号	1.5	2.2	2.8	3.1	3.3
5号	1.2	1.8	2.4	3.0	3.3
6号	1.4	2.1	2.8	3.1	3.4
7号	1.3	2.0	2.7	3.2	3.4
8号	1.5	2.3	2.8	3.4	3.6
样株平均	1.4	2.0	2.7	3.1	3.4

从表2-7可以看到，7月14日到8月5日期间，样株平均日增高2.86cm；8月5日到8月20日期间，样株平均日增高4.67cm；8月20日到9月10日期间，样株平均日增高2.00cm；9月10日到10月28日期间，样株平均日增高0.62cm；样株平均株高3.4m。根据这些数据，模拟出构树不同阶段每半个月的高生长量（表2-8）。

表2-8　冠县试点构树每半个月的模拟高生长量（cm）

统计项目	不同阶段每半个月的模拟高生长量				
	7月下半月	8月上半月	8月下半月	9月上半月	9月下半月
样株平均	42.75	61.00	43.35	23.1	9.3

从表2-8中可以看到，8月上半月高生长量最大，占全年高生长的17.9%，其次由高到低依次是8月下半月、7月下半月、9月上半月和9月下半月，分别占全年高生长量的12.7%、12.5%、6.7%和2.7%。一年当中，7月15日前的高生长量对全年高生长量的贡献率是41%；7月15日后的高生长量对全年高生长量的贡献率是59%（图2-6）。

图2-6　冠县试点构树从7月到9月期间的生长情况

五、各试区构树新品种生长情况的总结与建议

1. 育苗的密度

容器苗下地培育胸径2～4cm的大苗时，栽植密度以1 000～1 200株/亩，株行距以宽行距、窄株距为好。培育更大规格的苗木，可在原有密度的基础上通过连年不断间苗或抽稀来完成。此密度或株行距既有利于苗木的高生长，也有利于苗木的粗生长，并为抹芽、除草等田间操作提供了方便。苗木栽植后，要注意栽植的成活率，如果缺苗较多应及时补苗。在多个构树试点都发现，苗木齐全，相对密集的地方苗木长得好，而缺株较多的地方，尽管生长空间大了，反而杂草滋生，苗木长得不好。

2. 容器苗下地的高度

构树容器苗下地栽植普遍采用12～15cm高的苗木，有时选用更高一点的苗木更好，这方面可借鉴一下桉树容器苗下地的经验。桉树容器苗一般在苗床上培育2个月，待其长到35cm高时才出圃下地。这样做的好处在于，一是让苗木尽量生长健壮，根系发达，根团完整，有效提高移栽的成活率，减少下地后的缓苗期；二是具有高度优势，栽后可减少杂草的干扰，让管理强度和成本双双降低；三是把抹芽工作往前提，及早确立主干的顶端优势。

3. 定植的密度

针对培育苗木规格的大小，确定相应的栽植密度。如果采用1年生的裸根苗，培育8～12cm小径材的人工林，栽植密度应控制在150株/亩以内；培育13～18cm中小径材的人工林，栽植密度应控制在100株/亩以内；培育19～25cm中径材的人工林，栽植密度应控制在50株/亩以内；如果采用容器苗，培育1年生裸根苗，栽植密度1 000～1 200株/亩为好。

为了提高单位面积的土地利用率和充分利用构树耐阴性的特性，可设定初植密度和终植密度不同的过渡性造林方案，即早期初植密度较密，期间通过间伐或移出等方式进行调整，直至达到终植密度。

4. 定株与抹芽

由于材饲兼用型构树的发芽力、发枝力较强，任其发展容易造成树冠发散，营养物质分流，不利于主干的早日形成，因而在苗木定植后，只要幼苗缓苗结束、旺盛生长开始时就可进行定株；在主干形成并向上生长时，还应及时抹去侧芽或侧枝。通过各试点抹芽早晚的结果来看，抹芽早的植株直立性好，高生长快。对于材饲兼用型构树来说，树木主干的早期培育十分重要，而且主干的直立性和高度的重要性一般大于主干粗度的重要性。

关于何时定株与抹芽为好，一般倾向于赶早不赶晚，尽早定株和抹芽有利于早日形成明显的主干、促进高生长，减少侧枝带来的营养消耗。但是相关操作次数增加，用工量较大。兼用型构树本身具备形成主干的能力，但侧枝较为发达，会在一定程度上干扰主干的生长，而通过人为干预有助于干形向着人们期望的方向发展。各地应综合多种因素，确定具体的定株与抹芽时间。

5. 容器苗的缓苗期

容器幼苗到达种植地后，如果炼苗不彻底，不应急于下地，而应把苗木集中在地头尽量多培养一段时间，使其完成充分炼苗过程。这样做的好处在于：一是使其健壮，更加适应当地的环境；二是因为目前构树多采用无纺布容器育苗，苗与苗之间相互贴着，而容器的侧壁可透水透气透根，待苗木生根后，相邻苗木间会发生相互串根的现象，所以一定要做好苗木的控根性，使每株苗木根系与基质形成紧密和独立的根团，确保苗木栽植的成活率以及下地后的快速生长；三是可以提早进行苗木的整形修剪，减少苗木下地后定株的工作量。

生长季节容器苗下地前最好经过2次炼苗过程，第1次炼苗是在出棚前或上车前进行，第2次炼苗是在苗木到达造林地后、苗木下地栽植前进行。第1次炼苗由于时间较为仓促，苗木大了也不方便装箱以及上面提到的串根问题，因此第1次炼苗经常不够充分，下地栽植成活率远达不到栽一株活一株的要求，如果通过第2次炼苗弥补了第1次炼苗的不足，苗木的栽植效果就会有较大的改观。

理论上讲，容器苗下地后不经缓苗就可直接生长，但这是有前提的，是指根系已形成独立的根团，并且已适应了当地的土壤和气候条件的容器苗，而现在使用的容器苗生长状态达不到应有的标准，因而即使是容器苗也普遍存在着下地后的缓苗现象，并经历较长的缓苗期。

6. 林地的湿润程度

从构树人工林的边际效应以及构树在“四旁地”的自然长势来看，构树适宜在土地湿润的环境下生长，适度密植方式好于过度稀植方式，林间生草种植模式好于净地种植模式，因而在确定栽植密度、农林间作以及栽培管理时要适当考虑这种特性，兼顾构树喜光性和喜湿性的统一，充分发挥构树的生长潜力。

7. 圃地的水分管理

根据当地的地形和降水状况，采用作高床或低床。在北方雨水偏少的地区，应选择低床，这样有利于浇水和保持水分。当降水不足或需要浇水时，可采用喷灌、漫灌和滴灌等任意一种方式（图2-7）。

图2-7　北方地区构树苗木浇灌采用的主要方式

第二节　材饲兼用型构树品种对当前构树生产中的作用及意义

一、丘陵山区构树发展的问题与对策

在丘陵山区或地形较为破碎的地方，由于机械化采收困难、劳动力紧张等原因，构树规模化种植经常会遇到枝条采收不及时的情况，如何面对并寻求合理的解决办法是一个很现实的问题。其中构树品种的选择十分重要，不同品种具有不同的生物学特性，也就具有应对不同问题的能力和效果。

当前主栽的构树品种多呈灌木状，如果采收不及时会使得枝条变粗变硬，枝叶生长中心外移，造成树体内膛空虚，落叶现象严重，结果是不仅给后来的收割带来更大的困难，减少了应有的收割次数，降低了全年的生物产量，而且会造成单位面积嫩枝嫩叶占比下降，饲料品质变差，构树产品数量和质量双双大打折扣。

材饲兼用型构树有明显的主干，具有高度优势，一是可以抑制杂草的干扰，降低栽培管理的成本并有逐年降低的趋势。二是萌发的侧枝可用作饲料原料，枝条在采收时间上有一定的灵活性，可合理安排农时，避开不利天气和用工高峰。三是即使收获不及时，长在地里的构树仍在进行高生长，材用价值还在增加并可作为保底，在一定程度上补偿因侧枝收割不及时而带来的饲用价值降低所造成的损失。

我国的云南、贵州和四川等省、自治区这样的地形地貌十分普遍，土地面积也很大，构树栽植和栽后利用同等重要，但是灌木状构树对生产面临的上述问题至今还没有更好的解决办法。只有做到生产与利用能够有效对接，面对造林地可能带来的不利因素有妥善的应对办法，规模化种植构树之路才能顺利地走下去。

二、多雨地区构树发展的问题与对策

在我国的南方，天气温暖湿润，生长期长，构树生物量大，可一年多次采收，采收次数应高于北方，但这只是理想状态下的理论推断，实际上南方年降水量大，雨水频繁，构树采收期遇到雨水天气是常有的事情，这样就造成人机下地困难，采收工作难以施展，采收被迫推迟，而一旦采收间隔拉大，采收次数一定少于预期。

天气因素是不可抗拒的，多雨地区发展构树不仅要考虑天气有利的一面，还要考虑天气不利的一面，变不利因素为有利因素，探索多雨地区构树产业发展的好办法。当下可供选择的方法不多，其中利用不同构树品种生物学特性的差异性和用途的多样性，更换适合的品种是最简单实用的方法。贵州一些潮湿的山地，乔木型构树长得很好，这一事实给兼用型构树的应用带来了一定启示，也为构树在多雨地区的引种提供了借鉴插图（图2-8）。

构树喜水喜湿，却不耐积水，尤其是幼苗。在降水较多，排水不良，易造成积水、甚至受淹的地块，构树尽量不要种植。如果遇到这种情况，可选择桑树作为构树的替代或补充进行栽植。构树和桑树是同科不同属植物，亲缘关系较近，而且都是主要的木本饲料树种，但是在耐湿性方面两者差别较大，在水库和江河湖泊消落区，桑树的生长表现要明显优于构树。

三、平原地区构树规模种植问题与对策

在一般耕田规模化种植构树，可以充分利用地形地势的优势进行机械化作业，提高工作效率，降低劳动力成本的投入，但是生产规模一定要严加控制，遵循计划生产、适度发展和循序渐进的原则，实行种养结合、产销平衡，避免产能过大带来的产品滞销以及产品收获不及时带来的产品品质下降等一系列问题，给产业经营带来不必要的损失（图2-8）。

图2-8　平原地区当前主栽构树品种规模种植和采收的情景

四、构树各器官的综合利用问题

构树浑身是宝，枝叶花果都能加以利用，这是就构树整体泛泛而言的，实际上具体到构树的每个品种，并不完全具备上述器官并加以利用的条件，全株综合利用是有前提且必须满足一定的条件。灌木型的饲料构树一年多次采收，新生枝条生长期短，发育不成熟，形不成花果，而且枝条用于纤维材的话，枝条粗度较细，树皮难以利用或利用率不高。况且目前主栽的构树品种单一，缺少雄株，不能提供优质花粉，而雌株又属三倍体，种子败育，不能产生果实和种子，更谈不上花果的利用。

材饲兼用型构树的主干是多年生的，树体高大，枝叶繁茂，根系发达，营养物质积累丰富，花芽容易分化，花果自然形成；由于构树是单性花，材饲兼用型构树包含性别不同的两种植株，雌株和雄株均具备正常的生长发育功能，合理配置能够满足对花果利用的需要；以用材为主、饲料为辅的经营方式，树体下部枝条的适度采收对树木的生长影响不大，反而对树木的干形、树体营养物质的分配以及对林内通风透光有一定的益处，因而材饲兼用型构树品种的合理搭配和主要的栽培经营方式能够满足构树综合利用的需要，为实施构树的深度和广度开发提供了基本的保障。

五、构树树势的早衰和恢复

构树耐刈割，可一年多次采收并连续收割若干年，这是宣传构树生物学特性时常听到的，但是这种经营和操作方式的负面后果常被人们忽视了，因为现在构树刈割没有那么频繁也没有那么连续，所以后果的负作用表现不明显，如果真是那样频繁和连续刈割的话，后果的负作用就会随之而来、显露无疑。这种负作用就是树木的早衰现象，其特征主要是树体衰弱，树势减退，生物量减少，产量逐年降低。毕竟每一次采收都会对树木造成一定程度的伤害，一年多次及多年持续采收势必造成伤害叠加，最终引发不良后果。

这种现象不仅发生在构树上，在其他的植物上也会出现，即使是生命力旺盛的杂草，也经不起频繁刈割所带来的伤害。还有一些现象看起来与此不同，但本质和作用的机理基本相同，只不过是表现形式不同而已，如核桃的早实早衰现象、果树结实的大小年现象。植物枝条的采收或果实的收获都属人为干预的范畴，如果人为干预适当并在可控范围内，植物的生长和发育可以向着好的方向发展，与人们的期望相一致；如果人为干预过当、超出植物的应有的调控能力，植物的生长和发育就会向着衰亡的方向发展，与人们的期望相背离。认知和掌握植物的生长秉性和规律，才能使之更好地为人们服务。

基于此，每次枝条采收后，都要进行水分和养分的补充，加速土壤培肥和树体恢复，而且经历多年或多次采收后，还要为植物提供一段时间休养生息，如同长年耕作的土壤需要休耕一样。对于灌木状构树，离地一定高度进行平茬后，树木地上部分的枝条基本所剩无几，树体受伤较大，其根桩发芽主要是依靠吸收土壤的养分和体内的营养消耗而促成的，需要更多的营养补充和抚育管理，否则会极大影响树势恢复。

构树这种生理休整，一直在构树栽培过程中发挥着潜在的作用。建议饲用目的的灌木型构树长高到1.2～1.5m刈割是有根据的，一是此时刈割兼顾了枝条的饲用价值和生物量的关系。植株过高易导致枝条的饲用价值降低，植株过低易导致生物量不足，二是尽量给树势恢复留出时间，避免苗木生物量过早衰减。

构树对不同时间或不同强度的刈割有相应的反应，即刈割效应。秋季落叶后，叶片的营养已经向枝干转移，枝干的营养最丰富，此时刈割对树体伤害最小；春季第一茬刈割，枝干的营养开始释放，叶片的光合作用开始增强，此时刈割对树体伤害也不大，但其他时间刈割对构树都有不同程度的伤害，尤其是8月、9月，刈割对树体的伤害最大，此时枝干的营养水平最低，萌芽力减退，新发叶片的光合效率降低，刈割不当可能会造成个别植株生长衰退，甚至死亡。

构树大规模发展已有3个年头了，该是构树生长迅速的时期。可是调查发现一些地方构树出现减产苗头以及个别植株的死亡，这都与上述原因不无关系。安排合理的刈割时间并给构树休养生息的机会也是构树丰产栽培的一项重要内容。

对于乔木状的兼用型构树，采收的枝条仅限于树体下部，对树体伤害整体较轻，而且留在树上的枝叶仍在进行光合作用，光合产物的产生和积累有助于树体树势恢复，从而降低了树体发生早衰现象的程度，有效地保证了构树持续经营的丰产和稳产。

第三节　工业用材林树种的替代

一、北方杨树发展的现状、问题与对策

杨树是我国北方主要的工业用材树种。据我国第五次森林资源清查统计，全国林分总面积12 919.94万hm^2，其中杨树林分面积为628.4万hm^2，居世界第一位。中国的杨树面积超过世界其他国家杨树面积的总和。中国人工杨树林面积占全国总森林面积的4.86%，占全国人工林总面积的18.75%。大力营造用材林是解决国家木材短缺问题的重要途径之一。

杨树也是我国北方主要的绿化树种。由于杨树树体高大、速生性好、成活率高，栽植成本低，加之过去对杨树飞絮的危害没有引起重视，甚至对杨柳飞絮予以赞美，以致杨树在城镇绿化和通道绿化中广为应用，造成杨树存量很大。

杨树飞絮是其自然的生物学特性，每当春日杨树雌株蒴果成熟开裂，种子破壳而出，种子较小并附着白色絮状物形成飞絮，飘浮在空气当中。每株杨树雌株每年能长出

30万～1 500万枚杨絮，平均每株杨树的飞絮重量有1kg。不同的杨树品种雌株种子依次成熟，使飞絮状态可连续持续40天。飘浮在空中的飞絮和空气中的灰尘结合，容易引体过敏反应。杨絮蓬松、透气、可燃，10m^{2}的杨絮2s就能燃烧一空，瞬间形成的热能会引燃附着的可燃物。仅2017年4月28日，北京市119火警中心就接到301起因杨柳絮引发的火警。为此，2013年，新版《北京市主要常规造林树种目录》公布，目录中已经去掉了北京杨等十几种树种。

对于生长着杨树雌株，采取的抑制措施主要是药剂处理。据称能抑制90%的飞絮，但是价格高；胸径20cm以上的大树要注射2～3针，药剂加上人工，平均一株树要30元；每次注射只能管一年，第二年需要重新注射。

对于需要种植杨树的地方，可以选择雄性杨树进行栽植。但不在花果期的杨树，雌株和雄株难以肉眼区别，新栽的杨树幼苗几年后才能察觉，一旦误栽后果难以挽回。

对于杨树工业用材林，目前的主栽品种多为雌株，一般杨树雌株速生性强于雄株，而选择雄株如果长势慢却不符合人们对杨树速生性的期待。在北方地区，柳树、刺槐、榆树和泡桐等树种都可作为替代杨树的候选树种，但具体到哪一个树种都存在这样或那样的不足，难以起到杨树应起的作用，至今北方地区还没有理想的替代树种出现。

二、南方桉树发展的现状、问题与对策

我国现有桉树人工林450万hm^2，主要分布在广西、广东、福建、云南、海南等10个省（区），约占我国森林总面积的2.1%，占人工林总面积的6.3%，年产木材超过3 000万m^3，超全国木材总产量的1/3，在保障国家木材安全方面占有举足轻重的地位。桉树产业已形成包括种苗、肥料、制材、制浆造纸、人造板、生物质能源林和林副产品等环节的完整产业链，总产值超3 000亿元，是林业领域典型的大产业。据测算，到2020年，我国木材及其制品需求缺口为3亿m^3/年。木材供给问题已由一般的经济问题转化为战略问题，木材已成为保障国民经济健康发展的重要战略资源。

桉树与杨树一样，在绿化方面的作用也很大。桉树四季常青，树体高大，伟岸壮观，广泛用于街道、公园、机关、学校、庭院、河畔等处的绿化和美化，成为我国南方重要的城市园林和四旁绿化树种。

但是有关桉树对地力消耗大，对地下水有影响的质疑在不断扩大，桉树发展的不确定性在增加，甚至一些地方还出台限制桉树发展的政策，明确规定桉树采伐后不得继续种植桉树，需要更换树种。不过遗憾的是至今南方地区也没有找到可替代桉树的理想树种。

三、构树在工业用材林方面的应用前景

当前主栽的用材林品种，绝大多数都是外来树种，如107杨引自意大利，巨尾桉引自巴西，材饲兼用型构树是中国土生土长的乡土树种，既继承了构树野生资源的基因，又弥补了一般构树难以成材的缺陷；既具有速生树种的典型特征，又克服了现有速生树种存在的一些问题，新品种构树的出现将会为我国用材林的发展留下了浓墨重彩的一笔。

材饲兼用型构树适应区域广泛，无论北方还是南方都能茁壮地生长，而且木材是国家战略储备物质，在国民经济建设中占有重要地位。目前全国各地正在实施的国储林项目就是对林木及其应用的最好诠释。据贵州省林业局有关报告，贵州省国储林项目总投资604亿元，将在77个县（市、区、特区）实施，预计2021—2023年年底全部完成。

如果构树能够作为可替代“南桉北杨”，可以改变目前用材林分布的版图，其商业价值不可估量。

四、关于林木采伐的有关政策性文件

为进一步落实国务院深化“放管服”改革的要求，创新采伐管理机制，强化便民服务举措，提高采伐审批效能，依法保护和合理利用森林资源，国家林业和草原局研究起草了《关于深入推进林木采伐“放管服”改革工作的通知（征求意见稿）》，以下简称为《通知》。现就有关事项通知如下。

1. 切实提高林木采伐办证效率

各级林草主管部门要针对“办证难、办证繁、办证慢、来回跑、不方便”的问题，进一步简化林木采伐审批程序，精简申报材料，优化审批流程，为林农提供更加便捷高效的服务。按照“最多跑一次”的要求，全面推行“一窗受理”“一站式办理”便捷服务。坚持服务站点向基层延伸，充分发挥乡镇林业站作用，积极为林农采伐办证提供集中受理、统一送审等服务。县级林草主管部门可委托派出机构或乡镇政府直接办理林农的采伐审批，委托范围由省级林草主管部门确定。有条件的地方可在村（组）一级设立林木采伐受理点。

按照“同类事项整合审批”的原则，合并办理附带性林木采伐申请。森林经营单位修筑直接为林业生产服务的工程设施需要采伐林木的，可同步申报使用林地和林木采伐事项。森林病虫害除治方案、森林火灾勘察报告等材料内已明确采伐地点、林种、林况、面积、蓄积、方式、强度和伐后更新内容的，可直接作为申请林木采伐许可证的依据。

2. 探索实行林木采伐告知承诺制

对林农个人申请采伐人工商品林蓄积不超过10m^3的，实行告知承诺方式办理。申请人提交有关材料并签具采伐承诺书、愿意承担相应责任的，即可办理林木采伐许可证，精

简或取消伐前查验等程序，实现快捷办证。告知承诺书要一次性告知采伐申请人办理条件、申请材料、服务流程、采伐技术规定、伐后更新要求和承诺事项及相关责任等。禁止借告知承诺制度“化整为零”申请采伐。申请人有严重不良信用记录或曾作出虚假承诺等情形的，不适用告知承诺制。实行告知承诺制的具体办法、权责规定及告知承诺书的样式由省级林草主管部门确定。

3. 大力推进“互联网+采伐管理”模式

加快推进林木采伐管理信息化建设，提升林木采伐管理数字化、网络化、智能化水平，让数据多跑路、让群众少跑腿。要将全国林木采伐管理系统应用延伸到乡镇林业站，实行网上申请、审核和发证，力争2020年年底前实现全国林木采伐管理系统全覆盖应用或数据实时无缝对接。拓展和增加林木采伐网页（WEB）在线、手机APP等申请途径，实现林农“足不出户”即可申请采伐。要以全国林木采伐管理系统为重要平台，逐步构建集申请、受理、查询和发证等内容于一体的采伐管理政务服务体系。加快林木采伐审批数据和森林资源管理“一张图”的互联互通，方便林农和企业申请采伐，逐步实现林木采伐审批“落地上图”，满足审批快捷高效、监管实时有效的管理要求。

4. 健全完善林木采伐公开公示制度

优化完善采伐管理制度，确保采伐管理“公开、公平、公正”。各级林草主管部门要加大林木采伐管理政策、法规的宣传力度，增强依法诚信和科学合理的采伐意识。县级林草主管部门要依据森林资源分布、可采资源比例和森林抚育任务安排等情况，科学合理分配采伐指标，优化完善指标使用调节机制，推进采伐指标“进村入户”，让广大林农和经营者心中有数。严禁截留、倒卖采伐指标和将采伐指标分配给没有森林资源的单位和个人。完善林木采伐公示制度，因地制宜，通过乡村告示栏、电视广播等新闻媒介、政府门户网站和手机客户端等多种形式，及时公开采伐指标分配、申请审批及采伐监督检查情况，接受社会公众监督。

5. 推动建立林木采伐诚信监管机制

按照依法依规、改革创新、协同共治的原则，构建以信用为基础的林木采伐监管新机制。建立林木采伐诚信数据库和失信名单，实施林木采伐信用分类监管，加强对失信主体的约束和惩戒。林木采伐被许可人和为伐区调查设计提供技术服务的机构、直接责任人要对林木采伐申报和设计材料的真实性、准确性及采伐行为负责，并承担相应诚信和法律责任。探索对诚实守信者实行优先办理、限额保障、简化程序等政策激励机制。对于采伐申请材料弄虚作假、未按采伐许可要求进行采伐、未按时更新造林或更新造林不达标的，在依法追究违法违规责任的基础上，记入全国林木采伐失信名单并录入采伐审批系统，将其作为严格审核和重点监管的对象。要逐步与社会信用体系相衔接，实行联合惩戒，让失信者"一处失信、处处受限"。

各级林草主管部门要按照"双随机、一公开"的原则，加强和规范林木采伐被许可事中事后监管。结合全国森林督查和执法检查工作，加强对辖区内采伐限额执行情况的监督检查，依法打击乱砍滥伐、毁林开垦、乱占林地等破坏森林资源行为，确保森林资源和森林生态安全。

本《通知》中涉及野生珍贵树种（木）、古树名木以及公益林、各类自然保护地范围内的森林、林木，其采伐管理执行相关法律、法规、规章和政策的规定。

第四节　生态脆弱地区的应用

构树属强阳性树种，能够充分利用光照，光合作用能力强，产生的有机物质能够为其营养积累和快速生长提供物质保证，而且还耐庇荫，在光照不足的情况下仍然能够顽强生长。确切地说，构树是一个喜光耐阴的兼性树种，这种特性使其在植被匮乏的地区或植被繁茂地区都有分布，具有成为先锋树种或优势种的潜质。

构树顽强的生命力和蓬勃的生机离不开根系的强大支持。构树根系发达，穿透力强，能够充分吸收和利用土壤中的养分和水分，对恶劣的生长环境适应性强，比一般树木更加具备在生态脆弱地区生存和生长的能力。

构树生长的强势或侵略性，也被一些学者将其列为生物侵害树种。构树利用就是用其利，避其害，充分发掘其自然属性更好地服务于自然生态、服务于人类社会。

一、石漠化地区治理

石漠化是中国西南湿润岩溶地区特有的、在脆弱的岩溶地质基础上形成的一种荒漠化生态现象，是由于不合理的人为活动参与岩溶自然过程，造成植被退化、水土资源流失，导致岩石大面积裸露，呈现类似荒漠景观现象的土地退化现象，是水土流失的顶级表现。我国石漠化发生的地区主要分布在四川、湖南、贵州、广东、广西、重庆、湖北等8省（市、区），451个县，面积约12.96万hm^2。

生物技术措施是石漠化治理的重要组成部分，通过封山育林、退耕还林等多种形式提高森林的覆盖率，发挥林木在涵养水源，减少地表径流，保持水土，提高土壤的抗侵蚀性等方面的作用，从而减少及避免土壤被风化、石化。贵州贞丰是典型的喀斯特地貌地区，岩石裸露严重，植物生长环境恶劣，但仍可见构树生长在那里。构树根系穿透力强，深扎在岩缝中，形成坚固的网络结构，有效地起到了保水固土的作用。构树不仅是当地的乡土树种，生命力旺盛，表现出极强的适应性，也是当地石漠化治理的首选树种（图2-9）。

图2-9　构树具有生命力旺盛和突出的适应性，是石漠化治理的首选树种

二、重金属含量超标地区治理

重金属是指比重大于5的金属，包括金、银、铜、铁、铅、镉等。重金属超标主要由采矿、废气排放、污水灌溉和使用重金属超标制品等人为因素所致。而重金属具有富集性，很难在环境中降解。中国土壤污染的总体形势相当严峻。据估算，全国每年受重金属污染的粮食达1 200万t，造成经济损失200亿元。土壤污染造成有害物质在农作物中积累，并通过食物链进入人体，引发各种疾病，最终危害人体健康。

构树根系的分泌物对重金属具有活化作用，可将超标的重金属移除土壤，同时细胞内的金属硫蛋白、植物螯合肽等蛋白质以及有机酸、氨基酸等在解毒方面也有重要的作用。构树根系在锰含量超过493mg/kg的情况下仍然可以良好地生长，其生长的过程也是土壤净化的过程。

构树修复可有效改善重金属污染土壤的环境条件，然而污染土壤中重金属有效态含量下降不明显，必须辅助物理和化学措施来强化构树对重金属污染土壤的生态修复潜力。

三、沙化土地治理

中国是世界上受沙化最严重的国家之一。一是面积大，分布广。截至2005年，全国沙化面积达174.3万km^2，占国土面积18%，涉及全国30个省（区、市）841个县（旗）；二是扩展速度快，发展形势严峻。

营造防沙林带、实施生态工程、建立生态复合经营模式是目前主要的防治途径，利用构树耐干旱瘠薄、抗风固沙能力强等特性，通过构树种植可以避免和减少土壤表面的沙化及流动。构树造林有益环境的改良，也有利于更多的其他植物的进驻和生长。

四、矿区植被恢复

矿山废弃后，矿区的景观极差，水热气条件极为恶劣，土壤贫瘠，有机质含量低，石砾含量高，保水保墒能力差，易受干旱危害，植物生存环境极差。构树对生长土质要求低，在不同程度破损土质中均能健康生长，在矿山植被恢复中可以起到积极的修复作用。山西省阳泉煤矸石治理中，采用了工程措施与构树种植结合，构树不仅覆盖了裸露的地面，降低了地表的温度，有助于抑制煤矸石的自燃和吸收空气中的烟尘，而且还较好地适应了土地整理后的生长环境，树木长势良好，取得了生态效益和经济效益的统一。

五、盐碱地治理

盐碱地是指土壤里面所含的盐分影响到树木的生长。盐分对树木的危害主要表现在：一是引起苗木或树木的生理干旱，盐土中含有过多的可溶性盐类，可以提高土壤溶液的渗透压。苗木根系不能正常地从土壤中吸收足够的水分。而且当土壤溶液的渗透压高于苗木的根系细胞的渗透压时，还会导致水分从根细胞外渗，从而引起生理干旱现象。二是影响树木的气孔关闭，在高浓度盐类的作用下，气孔保卫细胞内的淀粉形成受到阻碍，致使叶片细胞不能关闭，造成树木容易旱干枯萎。三是影响对其他元素的吸收，钠离子的竞争会引起其他离子失调或失效。四是对林木的直接伤害，氯离子在叶片中的过多积累，易对树木造成氯灼伤，使叶片边缘发生焦枯，严重时造成脱落。

构树适应范围广，具有一定耐盐碱性，对改良盐碱土壤的作用主要体现在以下三个方面：其一，构树可以防风降温，调节地表径流；其二，构树的庞大根系和大量的枯枝落叶也可改善土壤结构，提高土壤肥力，抑制表面积盐；其三，枝繁叶茂的构树树冠可蒸发大量水分，使地下水位降低，减轻表面积盐。

构树仅适用于中、轻度盐碱的水土治理（pH值为7.8～8.8，土壤含盐量不超过0.4%），结合整地起垄（或台地），深沟排盐，施用改良肥、改良剂，淡水压盐等多种措施才能收到更好的效果。

构树定植后，土壤和苗木管理工作要跟上，否则会出现土壤耕作层返盐，使苗木根系遭受盐毒害，苗木越大根系越深，受害越严重，从而造成苗木逐年零星或成片死亡的现象。当盐碱程度过高、土壤和树体持续管理不到位时，应该选择更抗盐碱的植物。

第五节 构树在园林绿化中应用

构树过去给人们的印象是干形不直，树体不端，先天不足，难成大器，多在一些注重树种多样性和生态适应性的地区使用。现在随着人们对构树资源挖掘的深入，定向育种工作的展开，优新构树品种的出现，原有的性状已经得到实质性的改善，能够满足通道绿化、厂区绿化和居住区绿化等对树种景观要求较高地方的使用。

一、在城乡通道绿化中的应用

兼用构树树体高大，干形直立，枝繁叶茂，具备行道树的一般特征，而且具有抗污染能力强，树木栽后树势恢复快，养护管理简便。据山东大学对济南市现有21种行道树进行滞尘量调查，结果表明：构树滞尘能力最强，达到15.52g/m^2，其后是紫荆、木槿、白蜡、法桐，达到10g/m^2，最后是苦楝、五角枫，滞尘量小于3g/m^2。结果还表明，构树属济南乡土树种，具有抗逆性强、树冠冠形美观、易于日常管理，适合济南进行大面积栽植。

北京首钢园林绿化中心对构树课题历时5年的研究，涉及根系生长、抗旱性、抗粉尘、抗氯等方面，认定构树是城市绿化，特别是工矿企业绿化的理想树种，也是三北地区防护林和山区种植的好树种。

二、在城乡光照不足区域绿化中的应用

一些居住区由于楼群密集，建筑物的遮挡，存在着大量的背光区或绿化死角，而目前栽种的绿化树种基本上使用的是喜光树种，因而经常看到这些树种长势不好，出现偏冠、枝叶稀疏、过早衰亡等现象，严重影响到绿化的质量和景观的效果。像构树这类的喜光又耐阴的树种不多，可以积极发挥构树耐阴性的一面，营造绿意盎然的景象，弥补光照不足导致的绿化缺憾。

第三章

材饲兼用型构树的苗木培育技术

第一节　设施育苗与大田育苗

构树育苗属于中等偏上难度，曾经根段繁殖和嫩枝扦插繁殖成活率不足30%，甚至更低的情况都十分常见。现在即使育苗技术有所提高，但能够保证育苗成活率达到90%，且保存率达到75%，也是相当不错的，可见构树育苗是一项对技术要求较高的工作。构树育苗除了要熟知构树特性、育苗原理和技术要领外，还要根据当地的自然条件和经济状况，借助基本的育苗设施，营造良好的育苗环境，只有这样才能提高育苗的成活率，保障下一步构树推广工作的顺利进行。

一、设施育苗

目前构树育苗常用的设施有：连栋温室、日光温室、塑料大棚、小拱棚四大类，其中小拱棚常作为连栋温室、日光温室、塑料大棚的棚内配套设施，是棚套棚（也称双棚）育苗方式的组成部分。棚套棚育苗的效果一般好于单棚育苗的效果；小拱棚是最简易的育苗设施，一般与遮阳网配套使用，较少独立使用。

基于棚套棚育苗是构树设施育苗的主要方式，微喷系统的安装须与育苗设施的结构相适应，微喷常采用吊喷和地喷的组合，吊喷一般安装在大棚内小棚外，主要是控制小棚外大棚内的温度；地喷一般安装在小棚内，主要是供给苗木水分和养分，控制小棚内的空气湿度和基质补水。构树育苗适宜的温湿度与人体感觉适宜的温湿度不同，构树育苗一般要求高温高湿，棚套棚的设置可以满足两者对环境的不同需求，使人员活动和苗木生长都处于良好和舒适的状态。

二、大田育苗

大田育苗因光照、温度、湿度等环境因子难以控制，且扦插后生根的时间较长，大田扦插的成活率不稳定。据初步统计，北方大田扦插的成活率一般低于30%，而南方大田高床育苗成活率相对高些，两者成活率的差异与所处的环境条件紧密相关，雨水充沛、空气湿度大以及温度较高有利于扦插生根。而在苗床上搭建简易遮阳网和小拱棚，苗木的成活率可显著提高（图3-1）。

图3-1　构树的大田扦插和插后生长情况

大田育苗的初衷主要是降低育苗成本，但育苗过程杂草防除用工较多，苗木出苗不齐，成活率不稳定，育苗成本不确定性较大。大田育苗可以在容器上扦插，也可以在苗床就地扦插。采用容器育苗，苗木育成后可以及时出圃。但采用苗床就地扦插，苗木育成后还不能马上出圃，要等到秋季落叶后才行，这不仅延长了苗木的出圃时间，而且苗木成活后还会遇到其他问题。若扦插成活率高，苗木生长过密，苗木分化严重，苗木质量没有保证，苗木最终的保存率也未必高；若扦插成活率低，土地利用率不高，单株育苗成本增加。

第二节　苗木类型

林木主要有三种类型，即容器苗、裸根苗和土球苗，需要根据实际情况灵活运用，以达到降低育苗成本，减少抚育管理强度，满足不同造林目的和使用效果。

一、容器苗

容器苗是一种技术含量较高的苗木类型，广泛应用于幼小苗木的培育。容器苗根系由于受到育苗基质保护，因而根系完整并形成致密的根团，使苗木与基质融为一体或苗木、基质和容器（无纺布容器）三者一体。容器苗根系统完整，根系与基质紧密结合，容器苗的地上部分和地下部分的水分代谢能够基本维持平衡，外界环境对其影响相对较小，移栽成活率高，如果炼苗彻底，苗木达到100%的成活率也是不难做到。理论上讲一年四季都可栽植，但各地天气情况不同，具体栽植时应该根据实际情况进行安排和实施。

构树容器苗应用贯穿在构树生产的许多环节。以容器苗为起点，确立不同功能不同用途构树营林模式是普遍采用的技术路线，其中构树饲料林采用的是当年培育的容器苗，构树用材林、农林间作林采用的是经过容器苗过渡而培养成的一年生裸根苗。可见，容器苗在构树产业发展中的重要作用。

容器苗应在一年当中尽早栽植，最好在苗木生长的高峰期来临前下地和缓苗，确保苗木有足够的生长时间和当年获得较大的生物量，但是北方地区应提防苗木过早栽植可能遭遇的倒春寒或晚霜的为害；山区干旱地区，可以利用雨季上山造林，降低造林的成本。

容器苗苗型较小，适合栽植密度较大、人员管护到位的情况下使用；容器苗在密度较稀、山区栽植而抚育管理难以跟上的情况下，容器苗可以考虑就地更换更大的容器（常说换盆），让苗木尽量长的更大，然后进行栽植，否则苗木容易被其他杂草杂灌干扰，抚育管理的成本加大。

容器苗下地后，根系从容器伸出进入到土壤中，根系不再受到原有土壤或基质的保护，此时的容器苗就转化成裸根苗。休眠期起苗后，苗木的栽植应参照裸根苗的栽植技术。

本节提到的容器苗是指无纺布容器苗。无纺布容器苗透水透气透根，下地栽植时无须脱掉容器，栽植简单方便。但在具体应用时，还可选择单体营养钵，穴盘或穴盘和无纺布容器组合等。

二、裸根苗

裸根苗是指根系裸露，没有基质或土壤保护的一类苗木。裸根苗起苗时，只对挖取的根系的根幅大小有要求，不考虑根系是否带土，根系与根际土壤是分离的。裸根苗下地后，由于根系受损、且需要重新建立根系和土壤的紧密接触，新栽苗木的地上和地下部分水分代谢难以平衡，尤其是生长季节，因而苗木栽植最好选在休眠期进行，即在秋季落叶后和春季发芽前进行，北方地区考虑到树木的越冬性，最好选在春季，即土壤解冻后至苗木发芽前这段时间。苗木发芽后，苗木栽植的成活率有所降低，不宜继续栽植。

裸根苗是最主要的林木类型，栽植简单易行，栽后成林快，栽培管理方便，应充分发挥裸根苗的特点，做到裸根苗与容器苗的优势互补，各尽所长。根据构树育苗和造林的实际情况，合理地利用不同的林木类型。容器小苗可用于密度较大的饲料林的建立；1～2年生的构树裸根苗可用于用材林、农林间作林、果用林等不同林分的建立；3年及3年生以上的构树苗一般规格较大，可采用挖土球进行移栽，用于园林绿化工程。

为了获得不同规格的裸根苗、满足不同的使用目的，可以选择一些地块采取苗木培育与就地造林相结合的方法，实现从苗圃经营向用材林经营的过渡，使单位土地面积利用最大化，即每年对圃内密植的构树进行隔行隔株抽稀，移出的苗木供其他地方造林使用，最后林地上保留适当密度的构树，直至长大成材。

三、土球苗

材饲兼用型构树的雄株主干通直，树形优美，无种子无扬絮，是作为园林绿化工程中的优选树种。绿化工程用苗一般规格较大，要求栽后能够马上出效果。当苗木胸径超过8cm或苗木胸径不足8cm而需要反季节移栽时，就要使用土球苗。土球苗起苗时，要求连根带土一起挖走，尽量少伤根，保持根系与土壤的紧密接触。挖取的土球规格一般是树木直径的6～12倍（图3-2）。

图3-2　大规格兼用构树苗木的起苗

第三节　育苗方法

一、无性繁殖方法及原理

1. 无性繁殖方法

无性繁殖是良种苗木扩繁的重要途径，尽管无性繁殖方法很多，具体操作也不相同，如硬枝扦插、嫩枝扦插、根段繁殖和组培育苗，但它们都是无性繁殖大家庭的一员。新品种应用推广离不开无性繁殖，甚至新品种在选育过程也离不开无性繁殖。通过无性繁殖，可以培育出能够继承母体遗传物质和特性的个体，保持母体的优良性状，且个体间存在着高度的一致性、稳定性和遗传性。

2. 无性繁殖原理

无性繁殖的原理是基于植物细胞的全能性，每个细胞包含该物种的全部遗传信息，从而具备发育成完整植株的遗传能力。细胞是植物结构和功能的基本单位，细胞形成组织，组织组合成器官，器官集合成植株。在此植物形态建成过程中，器官处于较高层级，遗传信息含量大，而且由于植物器官材料获取容易，可操作性强，因而器官是无性繁殖主要的材料来源。

植物器官分为营养器官（茎、根、叶）和生殖器官（花、果实、种子），无性繁殖取材主要来自营养器官。就构树来讲，根容易形成不定芽；茎容易形成不定根，根和茎是无性繁殖主要的材料。理论上讲，叶也可作繁殖材料，个别植物，如带叶柄的黄杨叶片也有繁育成功的案例，但繁殖难度大，实用性不强，在生产上少有使用。

二、无性繁殖与育苗环境

无性繁殖不仅需要适合的繁殖材料，而且需要适合的育苗环境，两者结合才能更好完成苗木的形态建成，使组织或器官成为一个完整的植株。育苗环境有广义和狭义之分，广义的育苗环境是指除繁殖材料以外，影响生根或发芽的各种因子，不仅包括光照、温度、湿度和氧气，还包括无菌状态、植物生长调节剂和基质等，但是不同的因子对无性繁殖的作用大小不同，具有一定的层次性。

构树育苗较难，自然对育苗设施及其营造的环境有更高的要求。育苗设施及使用效果的合理性，意味着在育苗过程中对光温湿气的控制程度和到位与否，有了良好的育苗环境，育苗的成活率就有了保证。在构树育苗的实践中可以看到，保护地的繁殖效果一定好于大田育苗；双棚育苗的繁殖效果一定好于单棚育苗。对于有经验的技工来说，从不同育苗设施及其使用的合理性，就可初步推断出育苗的成活率，可见育苗设施及其环境对育苗工作的重要性。

无菌状态是育苗的基本保障和基本要求，在清洁无菌的环境下，育苗工作才能顺利进行和获得预期的结果。无菌环境不仅指基质（土壤）、所用容器的洁净，还指水源和特定范围内空气的洁净，水源尤其是空气的洁净在生产上常被忽视，这会给育苗工作埋下很大的隐患，应给予足够的重视。如果有过苗木组培、食用菌的培育经历，就更加会深知和理会操作空间消毒的重要性。

植物的扦插生根是需要有植物生长调节剂参与的，在内源性植物生长调节剂活力不足或环境调控不力的情况下，通过外源性植物生长调节剂的使用，可起到促进生根和根系发达的作用，对扦插困难的植物更是如此。曾经就有杨柳等易生根树种的榨取汁液作为生根促进剂，用到其他植物繁殖上。

基质是扦插育苗的载体，主要起固着作用，也就是使扦插材料能够有序站立，处于有利的生根状态和占据合理的空间位置而已。因而基质的摆放可以像常见到的平置，也可以斜放，甚至竖放。基质组合的形状可以是散状的，也可以是有固定形状的，如无土栽培使用的基质压缩块和岩棉。基质的选择一切以操作便利、生产高效和符合使用目的为原则。如果环境条件合适，插条撒在苗床上也会长根；新根不仅可以发生在基质中，也可以发生在基质外（图3-3）。从这个侧面也反映出育苗环境的重要性。

图3-3　在营造的特殊育苗环境下，构树嫩枝在基质之外也可生根

就植物扦插生根而言，基质肥力对促进生根的作用并不大，肥力过高甚至会起到反作用，实际上基质肥力对生根后的植物才能真正起作用，如果扦插生根用时不长，成苗后又很快下地，没有必要考虑基质肥力问题。如果扦插生根后，苗木需要营养，可通过灌根和叶面施肥等方式进行养分补充。但培育籽播苗、移栽苗时，要考虑基质肥力。

构树本身的一些特性也应加以利用，比如构树的热性，就要适时创造高温高湿的环境，以期缩短生根周期，降低育苗成本。在构树扦插育苗实践中，我们以温度为主要划分依据，采用高温高湿组（28～45℃）、中温中湿组（20～28℃）、低温低湿组（10～20℃）3个组别进行扦插育苗试验，结果表明高温高湿组7天就开始生根，如果扦插前对构树材料进行幼化处理，生根更快更早，育苗效率远高于其他组别。

三、常规育苗技术

1. 硬枝扦插技术

（1）扦插时间

硬枝扦插在大田和保护地均可进行，但以保护地扦插为宜。硬枝扦插主要以春季扦插为主，在苗木供应紧张时或翌年提前供苗的情况下，也可选择秋、冬季扦插。北方地区秋季和冬季扦插应选择半地下的阳光温室为好，室内最低气温不能低于10℃。

（2）插条准备

插条质量是影响成活率的重要内在因素，硬枝扦插应选用生长健壮，无病虫害，木质化程度适中的一年生枝条。插条长度一般根据枝条粗细和扦插场地条件不同而定，容器扦插使用的插条长度为6～8cm，大田扦插使用的插条长度可以适当加长至12～15cm。插条的生物学下端修剪成斜切面，上端修剪成平切面。

硬枝扦插可随采随插，但采集下的枝条经过冬季沙藏或窖藏处理，枝条内营养物质积累丰富，水分含量充足，更有利于促进插穗形成愈伤组织和扦插生根。如果枝条越冬后或贮藏过程有轻微失水现象，应在扦插前将插条进行浸水处理，使之吸足水分，以便溶去插条中的生根抑制成分，提高扦插成活率；如果发现枝条严重失水或干枯，就不能再作为插条。

（3）插条处理

将修剪后的插条每10～30根绑成一捆，保持捆中的所有插条方向一致，即注意插条的生物学极性，使插条的下端位于插条捆的一端，插条的上端位于插条捆的另一端。将成捆的插条生物学下端浸泡于生长调节剂溶液中，插条浸泡深度为2～3cm。根据生长剂溶液浓度不同，浸泡的时间不同，如浓度为2.0g/L的α-NAA溶液，插条浸泡时间为1min。在育苗数量大、流程紧凑的情况下，一般采用高浓度生长调节剂和速蘸的方式。

（4）扦插方法

将浸泡过α-NAA溶液的插条插入无纺布容器或营养钵中，插入深度为1.0～2.0cm为宜，大田扦插可适当增加深度。容器扦插，由于涉及成活后的移栽，扦插密度较大，一般为200～400株/m^2；大田扦插，由于成活后的苗木在原地继续生长，可降低扦插密度，为当年生长留出生长空间。

（5）插后管理

在非保护地里扦插，人为干预或控制的措施有限，借助灌溉和喷雾难以实时满足扦插生根的需要，主要还是依赖育苗时期的天气状况。有利的天气条件成活率高，不利的天气条件成活率低。采用育苗设施进行扦插，应保持育苗环境的尽可能高的空气湿度，避免新生叶片萎蔫或回芽，但要防止喷雾形成过多的水滴。水滴滴落在基质里可能造成基质降温或湿度过大，恶化育苗环境。基质的作用主要起着支撑枝条的作用，相对干燥的基质可降低病虫害和烂根现象的发生。

硬枝扦插与根段扦插的时间基本相同，根段扦插根系材料取材数量较大，成本低，而且根段扦插成活率一般高于硬枝扦插，稳定性也好，在扦插材料充足的条件下，应优先选择根段扦插。

2. 嫩枝扦插技术

嫩枝扦插是构树最为快捷和有效的扦插方式，生根早，成苗快，一年可多次育苗，但是嫩枝扦插又是一种技术要求较高的扦插方式。嫩枝扦插目前主要采用是中温中湿条件下的育苗方式，即在扦插生根过程中，将棚内（室内）温度控制在25～28℃，湿度控制在80%左右，直至完成生根。实际上，还可采用低温低湿、高温高湿的条件进行。当然，随着温度和湿度的提高，育苗的难度和风险都在提高，但是嫩枝扦插的试验及其效果表明，一旦掌握育苗的技术要领，并熟知构树耐热性等属性，采用高温高湿条件进行构树育苗是最值得去做的。

嫩枝扦插的具体操作过程在《构树产业发展100问》等书籍中都有涉及，这里着重阐述一下嫩枝扦插的技术要领和总体原则。其核心内容可归结为，一是彻底消毒，减少污染源，净化育苗环境。消毒的对象包括插条、基质、水源、棚内（室内）空气和用具等；二是材料的来源和处理。温室内采集的插条比大田采集的插条生根快，经过幼化、黄花的枝条比一般的未加处理的插条生根快。构树嫩枝扦插试验表明，采集温室内的枝条，在高温高湿情况下，插条最快5～7天就可开始生根，而采集大田的插条需要7天以后才能开始生根；三是育苗环境中的湿度是促进插条生根的关键因子之一，原则上应是基质湿度相对干，空气湿度相对湿。所谓的扦插湿度要求都是有所指的，不加以区分空气和基质的湿度，都会给育苗造成很大的损失。生根前一定要落实这一原则，如扦插前，可将摆好的基质充分浇水，保证每个基质都浇透，但是不能马上扦插，而是应该有1～2天的凉棚或晒棚，将基质水分降至30%左右再插。生根后，可逐步过渡到见干见湿的浇水原则；四是任何一项技术措施，只要能够保持叶片长时间挺立，都是积极的和可取的。也就是说，插条叶片过早脱落，意味着育苗失败；插条叶片挺立的时间足够长，生根只是时间问题，但也有个别情况例外，如基质温度过低，插条不是向着生根方向发展，而是向愈伤组织形成的方向发展，瘤状的愈伤组织越大，生根就越困难。此时叶片的挺立是由于愈伤组织暂行吸收功能的结果；五是在扦插生根过程中，尽管构树扦插生根的时间较短，但是也要经过稳定期、过渡期和生根期三个阶段。在不同的育苗阶段，插条对光照、温度和湿度要求不尽相同，育苗设施及其操作都应随时做出调整，提供适宜的环境条件，以满足插条的顺利生根。

3. 根段繁殖技术

根段繁殖是构树育苗中成活率相对稳定、技术要求相对简便的一种育苗方式，但与其他使用枝条的扦插不同，有其一定的特殊性。

（1）根段的采集和处理

构树秋季落叶后，叶片的营养物质向主干、根系转移和贮存，此时根系的营养积累最充分，为休眠期采集根系创造了良好的条件。土壤不上冻的地区，可随采随用，而在一些土壤上冻的地区，需要适时挖根，进行窖藏或沙藏，以备翌年使用，避免需要育苗的时候，土壤未解冻，没法取根。如果育苗不赶时间，也可在土壤化冻后，随采随用。

构树根系在北方地区越冬有时会出现受冻现象，表现为根系木质部变褐，甚至发生心皮分离等状况。如果有受冻现象发生，根系尽量不用，避免影响成活率，费工费时。通过根系剪口，可以更清晰地观察到根系的活力或受冻现象。

（2）根段的极性和截取

根系一旦剪成根段后，根系的极性很难区别，如果不加以区别就会造成倒插现象。根系的极性是指根系在土壤中所处的相对位置，就某一截根系来讲，处在相对上方的一端，称为形态学上端；处在相对下方的一端，称为形态学下端。为了清晰辨认根段的极性，从根系截取根段时，形态学上端剪成平口，形态学下端剪成斜口。

（3）根段的插后管理

根段扦插是插进去的根，长出来的是芽（不定芽），而枝插是插进去的是枝，长出来的是根（不定根），因此根段扦插要熟知根系的习性和生长环境，切勿等同枝条扦插。根段在插入基质后，根段的上端与基质齐平或略高即可，如果根段超出基质过多，要注意遮光保护和增加空气湿度，否则根系露出部分易于干枯。

根段扦插早期，如同种子发芽，此时需要的主要是温度，而不是光照。采用双棚育苗时，遮阳网以搭在内棚上为宜，这样外棚允许光照透射到棚内，提高棚内温度，内棚主要起遮阳和保温保湿的作用。待苗床的根段基本发芽后，遮阳网再换到外棚上。

4. 组培繁殖技术

组培繁殖与其他无性繁殖方法的显著差别是其主要的繁殖过程在室内完成，表现出技术门槛高、场地设备投资大、操作管理精细，育苗成本高，可周年育苗等特点，是木本树种生物技术应用、早期扩繁常用的育苗方式。为了充分发挥组培的优势，促进组培在构树育苗中的应有作用，这里就构树组培的现状谈几点看法。

（1）组培与嫩枝扦插均为无性繁殖

两者繁殖的基本原理是一样的，同为植物细胞的全能性，即可从植物的细胞、组织和器官等三个水平发展成为一个完整的植株。目前无论是组培还是嫩枝扦插，构树繁殖都是采用植物的器官进行的。

（2）组培只是一种苗木繁殖的手段

组培与培育出的苗木的脱毒性没有直接关系，而与采用外植体的部位有直接关系，组培繁殖如果采用的植物材料是茎段而不是茎尖，就根本谈不上是脱毒苗，即使采用的植物材料是茎尖而没有进行热处理和病毒检测，仍然不能认定为脱毒苗。

病毒是通过无性繁殖传递，并在母体内逐步积累的，在生产上对病毒尚未有特效的药物，植物病毒防治仍应以培育脱毒苗木、原种为主。组培采用植物微体繁殖，为苗木脱毒创造了方便条件，但不能将普通的组培苗混同脱毒的组培苗，两者不能画等号。相反，如果嫩枝扦插采用构树茎尖培养，经过热处理和病毒检测，一样可以培育成脱毒苗，也一样可以建立脱毒苗木的繁育体系。

（3）组培苗的理论测算

繁殖系数的理论数据可以很大，例如1株构树试管苗，以1个月增加4倍计，通过继代培养满打满算一年可以达到 $(1\times4)^{12}$，即1 678万株，但实际上，室内培育出的生根苗只是半成苗，不能用于生产，还需要经过室外驯化炼苗，而后一环节是组培苗上量的瓶颈，且所用技术基本是容器育苗技术，如无纺布容器育苗扦插技术等，因而构树组培苗最终的繁殖能力超不过嫩枝扦插繁殖能力。

现在构树组培育苗利用的主要是组培的形式，而不是组培的内涵，组培的优势并没有得到发挥。为了获取有市场竞争力的脱毒苗一般选择二级育苗方案：首先，采用组培方式，严格按照苗木脱毒的要求和程序进行育苗，其次，待苗木快繁到一定的数量后，将其作为原种苗，建立脱毒苗木繁育体系，最后，通过其他的无性繁殖方法（如嫩枝扦插技术）扩大苗木数量，并应用到生产当中。

四、非常规育苗技术

常规育苗技术是构树育苗的主流方式，是构建苗木繁殖体系的重要组成部分，但是在一些特殊情况下，结合构树的特点，采用非常规育苗技术也是一种不错的选择。只要应用得法，非常规育苗技术不仅可以起到与常规育苗技术异曲同工的作用，甚至可以获得超出预期的效果。

1. 非试管组培繁殖技术

（1）非试管组培繁殖技术的含义

组培是现有育苗技术含量较高的一种育苗方法，一般要经历初始培养、继代培养和生根培养三个阶段，其中后两个阶段是组培繁殖必须经历的阶段。继代培养的目的是增加个体数量（未生根），生根培养的目的是促进个体生根，两个阶段的节点十分明显，且通过调控琼脂培养基内的营养成分实现由继代培养向生根培养阶段的转变。嫩枝扦插是一种简便实用的育苗方法，一般在育苗设施下进行，采集的外植体扦插在容器或苗床的基质上，直接进入生根阶段。上述两种育苗方法的原理基本相同，但育苗的程序、所用设备和环境控制存在一定的差别（图3-4）。

图3-4　非试管组培育苗在室内进行，而基质组分和操作方式与嫩枝扦插类似

非试管组培育苗与组培、嫩枝扦插育苗不同，可以视为是一种兼具两者特点的育苗方法。从形式上来看，非试管组培育苗应用更多的是组培技术成分，因为苗木培育的操作过程均在室内进行，并在组培架上完成苗木形态建成；从内容上来看，非试管组培育苗则应用更多的是嫩枝扦插技术成分，因为固定繁殖材料的基质主要使用的是沙子、珍珠岩、蛭

石、云母等，尤其是育苗最重要的过程——生根阶段，使用的是嫩枝扦插所用的基质而不是组培必用的琼脂培养基。基质是育苗的一个重要的元素，基质的种类和构成不同，其通气性等理化指标都将发生改变，而合理利用这些改变可以规避或简化组培育苗方法在育苗过程中遇到的问题，使育苗效果更为理想。

组培采用微体材料繁殖，在培养基上固定材料的操作手法类似扦插，培育出的苗木看似与嫩枝扦插苗形态不同，其实只是繁殖材料大小不同导致茎段切口或愈合部位不易察觉而已。非试管组培可以采用微体繁殖材料，培育出形态与组培苗形态完全一致的苗木。即使非试管组培育出的苗木与组培苗形态完全一样，但也只是表象相同，组培苗还是组培苗，非试管组培苗还是非试管组培苗。

构树组培瓶苗中的内生菌时常发生且不易消除，这与使用的琼脂培养基配方的优化程度和瓶内环境有关。非试管组培可以有效地减少玻璃化苗和内生菌的发生，在构树组培中，许多人自觉或不自觉地用到非试管组培技术，以绕过组培过程中难以克服的一些困难。非试管组培技术可以简化组培技术的一些程序和环节，具有存在的合理性。

此外，通过以上事实的陈述，有助于了解嫩枝扦插、非试管组培、组培三者之间的相互关系，进一步揭示无性繁殖的本质，还事物于本来面目。

（2）非试管组培繁殖技术的操作规程

非试管组培繁殖技术所用的繁殖材料可以来自继代培养的中间产物，也可以直接来自外植体，无非是外植体的材料小型化，以便更好地满足室内育苗器皿的要求。

非试管组培繁殖技术采用带盖的塑料盒育苗。塑料盒开口大，便于植物材料的扦插操作和插入数量，如规格为29cm × 20cm × 0.97cm塑料盒可装下200株以上的微体小苗，盒盖是为了控制盒内的空气湿度。

经过处理的繁殖材料插入一定厚度的基质后，进行消毒封盖，并放在组培架上培养。经过一段时间，繁殖材料开始生根或发芽，形成微体小苗。待根系长到1 ~ 2cm时，开盖或虚掩，降低盒内的湿度，以增强微体小苗对外界的适应性，为室外移栽做准备。

微体小苗此时还只是裸根苗，需要转移到室外的温棚内，并在无纺布容器或营养钵中移栽，完成微体小苗向容器小苗的转化。微体小苗根系发达，呈爆炸式，移栽也无须洗苗，移栽成活率高，缓苗时间短，生长速度快，极大缩短棚内培养的时间。

2. 无糖组培快繁技术

（1）无糖组培快繁技术及特点

无糖组培快繁技术是指在植物组织培育中改变碳源的种类，以CO_2代替糖作为植物体的碳源，通过输入CO_2作为碳源，并控制影响试管苗生长发育的环境因子，促进植物光合作用，使试管苗由兼养型转变为自养型，进而生产优质种苗的一种新的植物微繁技术。其

优越性表现如下。

①通过人工控制动态调整优化植物生长环境，为种苗繁殖生长提供最佳的CO_2浓度、光照、湿度、温度等环境条件，提高植株的光合效率，促进植株的生长发育，保证苗木出苗整齐、生长健壮。

②继代与生根培养过程可以分别进行，也可以合二为一，简化生产的工序，培养周期缩短40%以上。

③大幅度减少了植物微繁生产过程中的微生物污染率。由于使用的基质不同，原有条件下的病菌的发生得到有效的抑制。

④消除微小植株生理和形态方面的紊乱，使种苗质量显著提高。

⑤能够提高植株的生根率和生根质量，保证试管移栽的成活率。

⑥节省投资，降低生产成本。

⑦组培生产工艺的简单化，流程缩短，技术和设备的集成度提高，降低了操作技术难度和劳动作业强度，更易于在规模化生产上推广应用。

⑧培养不受培养容器的限制，可实现穴盘苗商业化生产，也可实现大规模容器苗自动化生产。

（2）无糖组培在构树苗木生产上的应用

山东陌上源林生物科技有限公司基于非试管组培繁殖技术的原理，改良并形成了自己的无糖组培生根技术，在北美冬青、兼用构树等树种上加以使用并都收到了良好的效果。

①配制无糖培养基。配制pH值为5.8的1/2MS营养液，与固体基质蛭石充分混匀，培养基的湿度以手握紧基质将要滴水为度。

②将配制好的培养基均匀放入无糖培养盒内，盖上盒盖保持湿度，备用。培养基和培养盒均需消毒灭菌，保持洁净。

③取经过继代培养的构树组培瓶苗，打开瓶口并对继代苗进行分株，一丛分成多个单株，作为繁殖材料，并剪掉每个单株基部的少许叶片。

④在无菌的条件下，用镊子将剪好的单株插入无糖培养盒的基质上，每盒约插100株。插后喷洒纯净水1遍，湿润植株，防止叶片失水，操作完成后盖上盒盖。

⑤将培养盒置于密闭培养室内，培养条件为光照5 000 ~ 8 000lx，CO_2浓度为1 473 ~ 1 964mg/m^3，温度为25℃。

⑥定期观察无糖培养盒内植株的生长状态，并根据其变化适当调整光照强度与CO_2浓度，以满足构树生根对环境的要求。经过20 ~ 25天的培养，构树完成生根和植物形态建成。

⑦在连栋大棚内搭建小拱棚，采用棚套棚技术，创造更为适宜的驯化条件。将已完成

生根过程的培养盒从培养室转移到大棚，放置于小型拱棚内并密封，开始驯化过程，直至苗木达到出圃的要求。

3. 压条繁殖技术

压条法是将母株上的枝条埋入土中或用其他湿润的材料包裹，促使枝条被压埋（或包裹）的部位生根，从而形成独立植株的一种繁殖方法。压条法有直立埋土压条法、横向埋土压条法和空中压条法。空中压条法效率较低，实用价值不大，下面主要介绍直立埋土压条法和横向埋土压条法。

（1）直立压条法

构树平茬后，根桩会萌生大量的枝条；构树起苗后，残根也会产生单生或丛生枝条，这时可利用构树枝条易生根的习性，采取根桩培土，并使每个枝条的下部掩埋在一定厚度的土中，经过一段时间的培养，枝条埋土部位就会诱发新根，从而完成苗木形态建成过程。其后，可将枝条下部的埋土撤去露出根系，然后贴地将枝条的最下端剪断，使之与母体脱离，这样每个生根枝条即成为一个独立且完整的植株。

为了促进埋条部位尽早生根，提高压条苗出苗的数量和质量，可对构树拟生根的部位进行处理。采取的主要措施，一是进行环剥，并在环剥部位涂抹生根剂；二是缠上粗细合适的细铁丝，使待生根部位产生缢痕。两种措施都是在枝条拟生根部位，通过人为干预使叶部产生的有机物质经韧皮部向下输送受阻，造成拟生根部位的营养物质富集，为枝条生根创造有利的条件。

在苗木分离或分株时，应根据苗木的株距、苗木培育的长短和苗木质量要求等因素，合理确定分株的时间。休眠期分株，操作相对简单，但是在育苗过程中，过多的苗木集中在原地长时间生长，会对苗木直立性和苗木质量产生不同程度的影响；生长期及早分株，可以避免苗木间的相互干扰，为幼苗创造更好的生长条件，促进苗木生长，保证育苗质量。

在生长季节进行分离，应选择阴雨天进行，以防止分离后的苗木发生萎蔫甚至死亡。分离后的苗木为裸根苗，不能直接在大田栽植，需要先移入育苗容器中，然后转换成容器苗。待苗木经过缓苗和炼苗过程，恢复到正常生长状态并适应外界环境后，才可放心地移栽于大田。

（2）横向埋土压条法

将构树的枝条弯倒并贴近地面，然后每隔一段距离覆土，梢部不覆土。经过一段时间，枝条埋土部分开始长根；未埋土部分（不含梢部）开始发芽并长出新枝，当新枝长高到50cm时，可将躺倒的枝条剪断，每个新枝带一段根系，即形成一个独立的植株，然后选择阴雨天，将苗起出，根系用无纺布包裹，经过集中炼苗，就可移栽在苗圃地里。

这种压条法的埋土方式是波浪式的，优点在于出苗快，还有一种是水平埋土法，即除梢部不埋土外，弯倒的枝条全部埋入土中，不留间隔，这种方式出苗多，但出苗慢些。

4. 半硬枝扦插技术

如果环境条件许可，构树枝条一年四季都可利用进行苗木繁殖，但是在不同的季节，应根据枝条的生长发育状态，选择有针对性和较为合理的繁殖方式。一般来说，休眠期采用硬枝扦插，生长期采用嫩枝扦插。其实，生长期还可进行半硬枝扦插，但它与嫩枝扦插略有不同，半硬枝扦插取条的木质化程度较高，枝条相对粗壮，而且枝条仅有腋芽，可以不带叶片。半硬枝扦插的操作时间一般晚于嫩枝扦插。

半硬枝扦插的优点在于：一是插条营养积累充分。插条插在苗床上，插条能够依靠自身的营养，促使腋芽尽快萌发，长出新叶，新叶不易脱落，为生根创造了良好的条件；二是插条充实，插入基质中的部分不易腐烂；三是对外界环境变化的适应性强，不像嫩枝扦插对育苗环境的要求更为严格，操作稍有不当就会发生插条下部腐烂和叶片脱落的现象；四是在嫩枝扦插过程中，时常出现插条已经生根，但腋芽不萌动、新叶不长出的现象，此种苗木被称为“僵苗”，半硬枝扦插可减少此类现象的发生概率。

半硬枝扦插因为所用插条较粗较长，不太适合口径较小的容器，如常用的无纺布容器（4cm × 8cm），适合口径8cm以上的营养钵或苗床上扦插。半硬枝扦插苗苗体较大，运输分摊成本较高，适合就地育苗就地栽种。

5. 根蘖苗繁殖技术

将构树苗木挖出后，留在地里的残根会自然长出小苗，即根蘖苗。根蘖苗出苗的多少与残留根系分布的深浅、数量的多寡以及母体苗龄等多种因素有关。人工挖苗相比机械挖苗，土壤中留下的残根较多，其根蘖苗出苗率高。当构树根系断根位置过深，根系难以长出小苗，因而挖苗后留下的土坑不要过早填平，待出苗后再行填平。松土或铲薄土层有助于根蘖苗的生成。一年生苗木与多年生苗木相比，其根蘖苗的出苗情况较好。

圃地的构树苗木挖走后，根据实际需要和利用价值大小，确定该地块是否用于根蘖苗的培育。根蘖苗出苗时间相差较大，常以单株或丛生状出现，在林地分布也不均匀，除草时注意对根蘖苗小苗的保护，以免误作杂草被清除掉。

除了挖根生产根蘖苗外，还可以采取不挖根的办法生产根蘖苗。对构树进行贴地平茬，促使土里的构树根萌生小苗。平茬的位置越低，出苗越多；离根桩近出苗多，离根桩远出苗少。

合理利用原有根系培育根蘖苗，可以简化育苗环节，降低育苗成本，但是培养根蘖苗的所在地块苗木大小分化严重，林相显得杂乱。起苗时应做好苗木的整理与分级，减少不同规格苗木栽后带来的生长差异，保证苗木栽后生长一致。需要进行分株处理的丛生根蘖苗，由一丛变多株，分开的苗木的地上部分和地下部分尽量做到相对均衡（图3-5）。

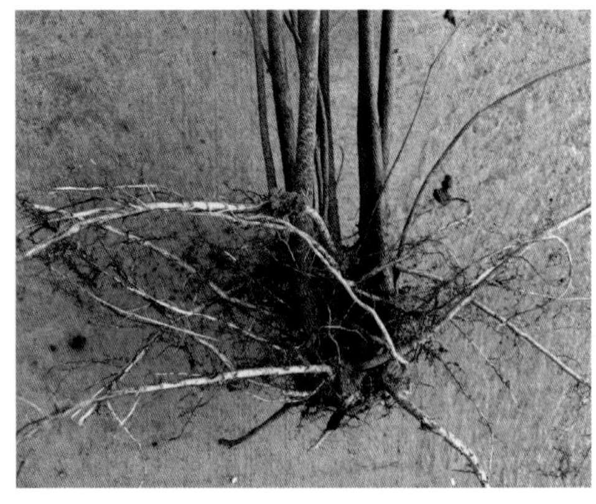

图3-5　构树根蘖苗的分株

五、育苗方法的取舍和筛选

每一种无性繁殖的方法都有其存在的合理性，不能笼统地和不加前提条件地定义为孰好与孰劣，唯有经受生产和实践检验，并获得广泛认可和使用的方法才是特定条件下的最佳的方法。检验的标准不外乎是：简便、经济和实用。

每一个树种可能都有多种无性繁殖方法，在良种苗木繁殖之初，由于繁殖材料有限而生产上对该苗木需求量较大时，能够使用的繁殖方法可能都用上了，但每种繁殖方法的效率和成本不同，最后都会自然归于一种或两种繁殖方法上，如杨树的硬枝扦插、核桃的枝接或芽接都是从多种无性繁殖方法中自然而然的选择结果，它们的共同点是低成本、高功效、接地气和易于操作。

构树也不会例外，经过不同繁殖方法相互间对比，最后也只会有一种或两种繁殖方法胜出，其他的繁殖方法遭到弃用。构树无性繁殖是其本身的一种自然属性，有一定的特点和规律，充分认识无性繁殖的本质，厘清不同繁殖方法存在的共性和个性，注重理论和实践的结合，构树育苗才能取得事半功倍的效果。

第四节　材饲兼用型构树容器苗的周年生长节律

构树容器苗体型较小，适合种植密度较大的饲料林使用，而在土地开阔、种植密度较小的用材林、农林间作林、果用林和园林景观林的建设中，构树容器苗就不太适用，构树容器苗需要继续培育成更大规格的苗木才能更好地应用。其中，胸径2～3cm规格的裸根苗在用材林、农林间作林建设中是最易接受的类型和规格，其表现在于符合人们春季或秋季造林习惯，易栽易管，成活好成林快，而且苗价低，运输方便。本节以材饲兼用型构树雄株为试材，采用10～15cm高的容器苗，阐述培育胸径2～3cm规格苗木所经历的周年生长过程。

一、构树容器苗周年的生长情况

随着一年四季的变化，构树容器苗生长呈现出一定的规律性，这种规律性的变化是苗木栽后管理的重要依据。下面的表格是根据兼用型构树雄株各试点的测量数据拟合而成的（表3-1）。

表3-1　构树容器苗下地第一年的生长情况

测量项目	一年当中不同时间节点的苗木的累积生长量						
	4月20日	5月20日	6月20日	7月20日	8月20日	9月20日	10月20日
平均树高（m）	0.1	0.3	0.7	1.7	2.7	3.3	3.5
平均地径（cm）	较细未测	较细未测	0.7	2.4	3.0	3.5	3.8

从表3-1看到，构树容器苗下地后，从4月20日到5月20日1个月内，苗木生长量很小，但历经这个过程，苗木由弱小向健壮逐步转变，度过缓苗期，表现出开始要长的势头；从5月20日到6月20日1个月内，苗木生长转旺，苗木成行效果明显；从6月20日到8月20日2个月内，苗木生长很快，是一年当中生长的高峰期；从8月20日到9月20日1个月内，苗木生长开始减速，其后苗木进生长更慢。

根据构树容器苗在一年当中的生长表现，可大致分为四个时期，即缓苗期、幼苗期、速生期和生长延缓停滞期。由于各地的气候条件不同，栽培管理技术和强度不同，各个时期经历的时间不尽相同，可根据实际情况确定本地化的构树容器苗的年生长周期或节律。

二、不同定植时间构树容器苗当年生长情况

构树容器育苗主要是依赖育苗设施，通过无性繁殖方法和容器育苗技术的应用分时分批而培育出来的。培育出的第一批苗木可以赶在春天栽植，顺应和经历正常的季节变换，完成全年整个生长期的生长；第二批及其他批次培育出的苗木一般在5月以后栽植，此时生长期已过去一段时间，苗木只能在余下的有限时间内进行生长。由于苗木下地的时间不同，借助有利天气条件的程度不同，生长量就会发生明显的差异。为了了解不同栽植时间对苗木生长量的影响，将不同批次下地的苗木生长情况汇总如下（表3-2），以期得到有价值的数据或结果，为今后合理安排构树苗木生产提供参考。

表3-2　不同定植时间构树幼苗当年生长情况

测量项目	定植时间			
	4月20日	5月20日	6月20日	7月20日
平均树高（m）	3.5	3.2	2.2	1.3
平均地径（cm）	3.8	3.5	2.5	1.4

注：表中数据是秋季落叶后测量的结果。

在衡量构树幼苗生长量中，由于苗木粗度受栽植密度影响较大，对试验结果会产生干扰，这里以树高作为体现生物量大小的主要指标，苗木粗度作为参考。

从表3-2中可以获得如下结论，一是苗木下地早晚对苗木生长量影响较大，不同栽植时间，苗木高度可以相差2.2m；二是5月20日前栽植的苗木，苗木长得高，但不同时段栽植的苗木彼此间生长量相差不大。6月20日后栽植的苗木，苗木高度显著降低。进一步分析，苗木一年当中生长的高峰在7月、8月前后，苗木下地后有较长一段时间的缓苗期，若苗木提早下地，可在生长高峰来临前完成缓苗，以最好的状态进入高峰期，为全年的生长量打下基础；若过了苗木生长的高峰期，甚至缓苗时间浪费在高峰期上，苗木的全年生长量都难以上去；三是根据苗木下地时间和生长量的关系，可以有计划地安排苗木育苗，并对不同苗木下地时间的生长量做到心里有数。

第五节　苗木抚育

苗木抚育管理关系到苗木生长的大小，质量的优劣，成苗的多少，育苗收益的高低，若抚育措施不当，苗木达不到应有的生长量，就会降低商品苗价值，影响苗木及时出圃。为了确保构树容器苗的正常生长，需要根据苗木不同的生长阶段，采取有针对性的抚育管理，使尽可能多的苗木达到出圃标准。

还要说明的是，在设施条件能够满足育苗要求的情况下，构树育苗可周年进行，一年当中分多次多批完成。由于不同批次苗木下地的时间不同，遇到的天气和土壤状况也不同，应根据实际情况，采取合理、灵活和差异化的苗木抚育管理措施。本节主要以第一批春季下地的容器苗为例，阐述苗木在不同生长阶段的抚育管理措施，其他批次的下地苗木可参照执行。

一、缓苗期

从容器苗下地到容器苗开始出现生机，一般需要4～5周的时间，该段时间长短还与炼苗程度和栽后管理强度有关。炼苗不充分苗木不能下地，否则一旦下地不利于集中管理，容器苗容易出现落叶、延长缓苗期，甚至死亡。炼苗充分的标准是容器苗下地后，苗木挺立，叶片不萎蔫。目前生产上普遍存在出圃过早的倾向，为的是给苗木赢得更多的生长时间，但因准备不足，栽后管理跟不上，反而适得其反。实际上，苗木异地栽植下地前的第二次炼苗十分重要（第一次炼苗是苗木装车前的炼苗），当苗木到达造林地后，苗木不用急于下地，就地炼苗过程也是苗木生长过程。就地炼苗有利于苗木集中管理，有利于苗木更好地适应当地环境，提高下地的成活率，如果过早下地，分散开的苗木管理难度增大，即使发现问题也没有更好的解决办法。有条件的地方，力求做好第二次炼苗工作。在第二次炼苗待种的这段时间，可以对栽植地进行一些处理，做足各项准备工作。如栽前给土壤灌水，诱发杂草出现，待杂草布满地表，用草甘膦等传导性除草剂喷洒致其死亡，然后进行翻垦。

容器苗下地生长一段时间后，逐渐适应了新的环境，开始发出新叶，此时苗木根系也已从无纺布容器伸出，进入到与之接触的土壤中，具有从土壤中获得水分和矿物质营养的能力。

由于容器苗体积小，入土浅，加之遇上生长季栽植，根系所在的土层蒸发量大，易于干旱，尤其是在7月、8月下地的苗木还面临着地温太高，炎热少雨的情况，此时需要在栽种前提早将土壤洇湿，降低地温和调控土壤墒情，并尽量选择阴雨天或下午落日栽植。苗木栽后，还应将苗木周围的土壤踩实，及时浇上第一水。以后每隔5～7天，浇水1次。浇水本着少浇勤浇的原则，浇水量不宜过大，保持浅层土壤的湿润。苗木浇水采用喷灌较好，省水且不易像漫灌那样冲倒苗子。喷灌后可能造成叶片沾上泥土，影响叶片的光合作用和苗木的正常生长，最好用装有清水的喷雾器清洗叶子表面。现在有的地方使用滴灌带，浇水挺好，成本也不高。

缓苗期是苗木存活的关键阶段，浇水保苗是这一阶段的主要任务。施肥此时虽不及浇水那么重要，但为了减少后期施肥的工作量，可结合土壤机械翻耕，提早施入缓释复合肥。

二、幼苗期

从苗木缓苗结束到苗木长高至60cm、70cm，一般需要3～4周的时间，此时苗木基本适应了外界环境，新陈代谢活动增强，表现为分枝增多，叶量增大，长势见旺；根系逐渐发达，根系与土壤接触面渐广，吸水吸肥的能力增强。为了满足幼苗生长的需求，此时可追施以氮肥为主的无机肥，实施肥水一体化管理。施肥时，根据肥料的种类，将肥料沿行间撒施或开沟施入。施肥后应及时浇水，促进肥效发挥作用，也可根据天气预报合理地安排施肥时间，减少施肥用工量。

进入幼苗期，在苗木生长加快的同时，杂草生长也很快且容易密布土壤表层，如果稍有懈怠就会造成苗草难辨、苗行不清的后果，此时应及时进行中耕除草，至少要保证行间无草，株间杂草可控，避免杂草过度滋生和蔓延，给后期除草增加工作量。如果苗木低矮、种植规整和行距适当，可用机械骑苗除草，提高除草的效率（图3-6）。

图3-6　构树苗木生长低矮、种植规整和行距适当时，可采取机械骑苗除草

大多数速生树种属于单轴分枝，具有明显的顶端优势，由主干顶芽不断向上生长形成主轴，侧芽发育形成侧枝，但各级侧枝生长均不如主干发达。与单轴分枝的树种不同，构树属于合轴分枝，其特点是顶芽活动到一定时间后，生长变得极慢，而靠近顶芽的腋芽则迅速发展为新枝，代替顶芽的位置，不久这条新枝的顶芽又同样停止生长，再由其侧边的腋芽所代替。因而合轴分枝的主轴，实际上是一段很短的主茎与各级侧枝分段连接而成，因此新发枝条是曲折的，经过一段时间的生长逐渐变直（图3-7）。

图3-7　材饲兼用型构树合轴分枝及其主干的形成

构树幼苗在生长过程中，经常会长出多个侧枝，且生长旺盛，如果任其生长下去难以早日形成预期的树形，况且会造成营养物质的分散，必须适时进行人工干预，适时定株。定株是指只保留一个直立性强的枝条，促其快速生长，作为未来的主干，除去其他的枝条，为培养乔木型树体结构打下良好的基础。

构树侧枝的发枝量较大，可根据实际需要和剪枝成本，确定定株的早晚、抹芽时间间隔以及每次剪下枝条的去留（图3-8）。构树枝叶组织幼嫩，营养丰富，修剪下来的枝条收集起来可作为饲料的理想原料。图3-9为经过剪枝处理后的大田构树幼苗植株。

图3-8 未经修剪的材饲兼用型构树落叶后，苗干清晰可见

图3-9 经过修剪的材饲兼用型构树，苗干直立性强

三、速生期

主干开始加速生长，达到苗木生长的高峰，直到苗木生长转弱。构树苗木在7—8月是生长的高峰期，生长量可达全年的70%以上，此时的高温多雨、光照充足的气候条件起到

了积极的促进作用。应充分利用这段时间，加强肥水管理，使苗木保持最佳的生长状态，并延长速生的时间。如果8～12天没有降水，土壤墒情不好，叶片失绿变黄，就要进行人工浇水。每次浇水要浇足浇透，见干见湿，保证苗木的地上部分和地下部分均衡生长。多年的构树造林实践表明，土壤适度湿润有利于枝叶生长，土壤适度干旱有利于根系的生长，避免长时间的土壤干旱。

与此同时，施肥工作也要跟上，早期以氮肥为主，后期以磷钾复合肥为主。每次施肥量一般为20～40kg/亩，以后可以逐次增加用量。施肥的间隔以25天左右为宜，每年施肥次数最好不低于3次。为节省施肥的用工和次数，也可采用缓释肥。最后1次追肥不应晚于8月中旬。

构树腋芽萌发力很强，成枝力也很强，在主干在高生长的过程中，节间会产生很多腋芽并长出侧枝，因而需要定期抹芽，减少侧枝对主干的干扰。一般视苗木当时生长的快慢，确定抹芽的间隔时间。在苗木快速生长时期，一般每隔5天左右，就要进行一次抹芽；其他时期抹芽，可以适当做出调整。抹芽间隔是否合适，以侧枝长度控制在10～15cm以内为宜。10～15cm以外的侧枝用手难以抹去，需要使用剪枝剪，而且如果剪不干净，还会诱发二级侧芽，处理起来更加麻烦。侧枝抹芽的高度，以人手够不着的位置为止。如果侧枝另有他用，作饲料或插条，可任由腋芽长出侧枝，待侧枝长至与相邻苗木接触时，再行剪枝，兼顾主干生长与侧枝利用。

速生期也是杂草旺长的时期，杂草控制不能放松，尤其是攀援性杂草。如果苗木行距在1m以内，应以人工除草为主，除非圃地是以禾本科为主的杂草，才可考虑使用化学除草。禾草克、高效盖草能等药剂能够防除禾本科杂草而对构树基本无害，利用化学除草剂的选择性以及林木对某种除草剂的耐药性达到除草的目的；苗木行距在1.5m以上，人工除草面积大、成本较高，可考虑引入中耕机等小型机械除草或化学除草。草甘膦用于杂草防除可以起到斩草除根的目的，使用时应有针对性喷雾，防止药液喷施或漂移到树叶上。有时，可以采用除草剂防除行间杂草，而用人工防除株间杂草，俗称清“行”或清“眼”。

四、生长延缓停滞期

苗木生长显著减缓，高生长和粗生长基本停滞，抚育管理的主要工作是提高苗木的木质化程度，为苗木越冬做好准备；树体修剪，清理林地及减少病虫污染源，为来年苗木生长创造更好的生长条件。

此时土壤蒸发量减少，树体的蒸腾作用降低以及根系对水分需求减弱，肥水管理可维持在较低的水平。受天气降温和生长周期的制约，杂草为害已大不如前，杂草防除工作暂告结束。

第四章

材饲兼用型构树的造林技术

构树适应性强，用途广泛，且每种用途都有其独特之处。为了充分实现构树不同用途的功效，需要营造不同形式的人工林，从而最终完成功效与实效的有机结合，期望与现实的完美统一。构树人工林可归纳为以下六种形态：一是农林间作林；二是用材林；三是饲料林；四是果用林；五是生态林；六是绿化林。

第一节　材饲兼用型构树的经营模式

材饲兼用型构树人工林具有不同的经营模式和对应的功能，这些经营模式分别是农林间作经营模式、用材林经营模式、饲料林经营模式、果用林经营模式、生态林经营模式和绿化林经营模式。不同的经营模式都各有特点和运行规律，各地应根据构树的种植目的、自然条件、农林产业结构和经济发展状况等具体情况加以选择。

一、农林间作经营模式

1. 农林间作的优越性

农林间作采用宽窄行，实行饲材兼用型构树与农作物配合种植，这种栽培模式的优越性在于：一是高大乔木和矮小的农作物形成立体栽培，林内通风透光好，病虫害发生的机率低，有利于树木的生长；二是利用农作物收获期短，一年一茬或一年两茬。农林间作能够增加早期收益，弥补用材林收获期长、早期投入大和收益回报迟的不足，实现以短养长和优势互补；三是行距宽，不仅有利于机械化操作和田间管理，促进以耕代抚，以农促林的实施，而且能够有效避免林地冬季火灾的发生，减少林地防火道的开设；四是生产的农作物可作为能量饲料，与构树这一蛋白饲料配合形成畜禽养殖所需的全价料，方便饲料的就地生产和加工，如果农作物为大豆等作物，还可以利用其固氮作用，增加土壤的氮元素，提高土壤肥力；五是为构树生长预留了生长空间，减少了林木生长过程中的间伐作业。

2. 农林间作经营模式

根据农作物和林木在农林间作中的比重和经营周期，农林间作经营模式又可分为以林为主的间作形式和以林农并重的间作形式。

（1）以林为主的间作形式

以林为主的间作形式适宜于间作时间短，一般为1～2年，最多不超过3年，采用这种间作形式主要基于构树苗木定植后，苗木有一定的缓苗期，生长速度还不能马上显现，而行间距离相对较大，容易引发林地杂草滋生，通过这种间作形式可抑制杂草生长，并获取一定的作物收益（表4-1）。

表4-1　兼用构树以林为主的栽植密度及间作时间

树种名称 栽时树龄	株行距 （m）	折合密度 （株/亩）	目的径级 （cm）	间作时间
材构1号 （一年生）	1.5×3、1.5×4 2×3等	111～148	8～12	间作1～2年
材构1号 （一年生）	3×4、3×5 2×6等	45～83	13～18	间作2～3年

（2）以林农并重的间作形式

以林农并重的间作形式在间作时间上长于以林为主的间作形式，以林农并重的间作形式，其行距不应低于6～8m，甚至可以达到15m以上，为农作物生长预留足够的空间，将林木连年生长对农作物的胁地影响降到合理的范围，使机械化操作能够顺利进行，以保证农作物能够完成3年或3年以上的耕作期。随着林木郁闭度逐年加大，胁地现象严重时，就不宜再进行农作物的种植或者改种其他的耐阴作物。当地上仅有构树生长时，农林间作的重心已转到用材林经营，木材成为地上收益的主要来源。

（3）以农为主的间作形式

这种间作形式是农林间作模式的极端情况，农田林网、农用林都属此范畴，林木的价值是在更高的层次上体现的，比如减滞风速、为农作物创造适宜的小气候等。

以林农并重的间作形式是最主要农林间作模式，也是培养构树大径材的主要手段，在生产实际应用最广泛的，其他的间作形式限于特定条件下使用。

3. 农林间作的农作物和药材

（1）农林间作的农作物

农林间作一般选择低秆的作物，如大豆、小麦、棉花、谷子等，但农作物和树行之间必须保持1m的距离。玉米等高秆作物或植物影响林内通风透光，但构树耐遮阴，玉米种植对其影响可控，在集约化生产的条件下也可用作为间作物。

大豆是较好的间作物，有助于土壤培肥和增加地力，但生长期较长，产量不高，收益不及玉米。

小麦是构树林间比较理想的间作物，从小麦与构树的生长特点看，在一定时间上存在着错峰生长的关系。构树萌芽展叶较晚，对返青后的小麦基本没有遮挡，有利于光线通过和提高地温，而6月初构树开始快速生长，小麦则要面临收获。

（2）农林间作的中药材

中药材品种众多，特性各异，只有那些生物学生态学特性得到充分发挥，能够与构树结成和谐共生关系的品种才是合适的品种，才能起到间作的积极作用。中药材品种选择以耐阴性、浅根性为主；间作配置上以林木为主，药材为辅，主次分明，相得益彰；中药材品种应以本地的乡土药材为主，适度引进外来的名贵药材；在病虫害防控上，中药材不能是林木病虫害的中间寄主，能够阻断构树与中药材病虫害的相互传播。

中药材品种的选择还应根据构树林龄及郁闭度进行确定。如在林木种植后的1～3年内，林内空间较大，可选择茎秆低矮，株型较瘦小，较喜阳的桔梗、板蓝根、金银花、蒲公英、西红花、细辛、姜黄等品种。在林木种植后的3～5年，随着林冠的增大，郁闭度的增加，就应选种喜阴的中药材品种，如旱半夏、柴胡、天南星，黄连、牛蒡、决明、独活、苍术等。林木生长至第5年后，行间已形成较荫蔽的环境，为需要生长在此种环境下的中草药提供了天然的生长条件。如适宜凉爽阴湿，土壤含水量要求较高的天麻。

（3）农林间作的牧草

构树的林间，还可以间种牧草，如草木樨、沙打旺、紫花苜宿、红豆草和三叶草等。这些牧草可用作饲料，也可作为绿肥压青，改良林地土质。

二、用材林经营模式

用材林经营模式是以生产木材为主、饲料为辅的经营模式。材饲兼用型构树主干通直、生长速度快、轮伐期短，满足作为用材林的基本条件；而幼枝柔软中空，叶片肥厚浓绿，有效营养成分高，符合作为木本饲料的基本要求。在确保构树充分生长和木材质量的基础上，修剪下的枝条可变废为宝，作为提高构树附加值的一项重要的措施。

规模化的用材林经营模式强调品种的优良化和品种间的合理配置，材饲兼用型构树用材林的营造一般以一个品种为主栽品种，其他品种限量栽植，这样做得目的是为了兼顾林地的盈利能力、经营的便利和生物的多样性，使不同品种呈现网格状分布，即从整体上看是混交林，局部上看是纯林，同时考虑构树的雌雄性，充分发挥雌雄搭配可能产生的交互作用。

三、饲料林经营模式

材饲兼用型构树有明显的主干，是典型的的乔木树种，但是仍然具有普通构树的耐刈割、萌芽力强、生物量大等特点。可以通过掐尖或平茬等技术措施改变树体形态，促使丛生枝条萌发，实现乔木树种的矮化和灌木化利用。从某种意义上讲，饲料林经营是材饲兼用型构树应用的另一种基本的表现形式。

材饲兼用型构树用于饲料林的建设，其栽植密度（不低于1 000株/亩）、栽植方法和管理措施与日本光叶楮品种基本相似。不过，第一次收割时，兼用型构树分枝数量低于日本光叶楮品种，第二次收割以后，两者的分枝数量几乎没有区别。

集约化的饲料林建设一定要对当地的地势地形、天气状况、劳力情况、构树刈割能力、饲料加工能力、产品的出路等方面进行综合考虑。其中，各种机械的配套和利用十分关键，否则在农忙季节、在较短时间内，难以集中快速处理大量的构树枝叶及各级产品（图4-1）。

图4-1　规模化的构树饲料林采收需要使用青贮收割机、打包机、夹包机、铲车等多种农用机械

此外，饲料林经营模式可以与用材林经营模式相结合，应用于调整用材林林分密度。

用材林的初植密度一般较大，生长过程需要间伐，旨在减少高大林木的交互作用，为保留下来的构树提供更大的生长空间，而平茬后的根桩发出的枝叶可作饲料原料，弥补了构树长大后侧枝萌发减少、提供饲料原料数量不足的缺憾，从而实现不同使用功能的构树的错层分布或立体栽培。构树的耐阴性发挥了积极的作用，使得低矮的饲料林与高大的用材林得以和谐共存，极大提高了单位土地面积上的收益。

四、果用林经营模式

构树果用林宜选择交通方便、水源可靠、水质清洁、土壤无污染、地势相对平缓的地方。一般每亩造林密度为33～42株，对应的株行距为4m×5m、4m×4m。

构树为雌雄异株植物，雌雄搭配才能完成果实生产。雌株为主栽品种，配以少量雄株，作为授粉树种，满足雌株受粉受精的需要。雌株与雄株的配置比例为10：1。如果地形较为规整，每隔9行雌株，可栽种1行雄株；如果地形较为破碎，可将雄株按上述比例均匀分布在造林地中。

构树雌株的树体结构是构树优质高产稳产的基础，因而需要通过1～2年的整形修剪，逐步培养出合理的树体结构和丰产树形，而构树的雄株花粉量大，保持其自然的形态即可。下面简要介绍构树雌株的疏散分层形树体结构的培养。

（1）果用林树体结构的培养

构树定植后，在1.2m处统一进行定干，诱发侧枝萌发和生长，当侧枝长到50～80cm时，保留3～4个生长方向不同，且水平间隔均匀、位置上下相错的枝条，其余枝条全部疏除，形成第一层主枝；同时保留顶部一个向上生长的健壮枝条，代替原主干继续生长，待新主干长到1.8m左右，保留新抽生的2～3个枝条，其余的侧枝全部疏除，形成第二层主枝；以后随着主干的生长，修剪形成第三层主枝，并对顶梢进行截头，将树体高度控制在3.5m以内。

（2）果用林结果枝组的培养

初步形成的分层形树体结构，是构树结实的骨架。在此基础上，还需对树体三层主枝，尤其是第一、二层主枝作进一步的修剪，使枝叶的分布和留存更为合理。兼用型构树的侧枝十分发达，生长过长甚至会产生下垂的现象，因而当每个主枝生长到80～120cm时，应进行短截，诱发二级侧枝萌发和生长。由于每个节间基本都有腋芽出现，且成枝力强，须进行抹芽定梢，使每个主枝保留4～6个二级分枝。二级分枝还可进一步诱发三级分枝，这些二级或二级以上的分枝将作为结果枝或结果枝组。

构树在生长过程中，会出现病虫枝、下垂枝、交叉枝、细弱枝、过密枝等无用或干扰枝条，可进行疏除或短截。

（3）构树果实的采收

构树果实成熟期一般为6月下旬至9月上旬，最早成熟在6月中旬，集中在7月、8月成熟。就一株构树来讲，果实成熟期也很不一致，时间可长达30天以上，所以构树果实需要多次采摘，一般为3～5次。构树果实属鲜果类，易腐败变质，且糖分含量较高，易受蚊虫叮咬，所以构树果实采摘要及时和严格。

采摘构树鲜果须在晴天的上午，用手采摘成熟的鲜果，不得采摘已腐烂变质的果实。采摘后应及时加工处理，并存放在冷库保鲜，冷库温度宜保持在-8～-5℃。用于酿造果酒的鲜果糖分含量必须大于10%。

（4）构树果用林的绿色生产

作为药品、保健品和食品，其原材料生产必须符合GMP标准，实行绿色生产。

①产地环境检测和监测。选择构树果用林基地时，应先进行产地环境检测，符合产地环境质量要求才能列入候选地，只有在产地环境优质的地区营造构树果用林。在构树果用林生产经营过程中，要按照GMP的要求对生产经营实行全过程管理，对果实产品质量实行监测和检测，只有符合质量的产品才能加工生产。

②实行果用林基地的绿色生产，要求使用达到有机标准的有机肥，不断维护和提升土壤肥力及生产力，采用综合防治措施，使用高效微毒农药防控有害生物。

③果实采收及果汁制取严格按照技术规程和质量要求开展，确保产品质量。

五、生态林的经营模式

兼用构树高大挺拔、生长速度快、抗逆性强、可密植、防护作用强并且具有一定的经济价值，是防护林带和农田林网的理想树种。林带或林网可呈网状分布，安排种植在渠边、路边和田边的空隙地上，构成纵横连绵的林网，以抵御或防御来自任何方向的风害。

因带距大小不同，而带距又受高生长和风害的制约，网格大小视实际情况而定。一般土壤疏松且风蚀严重的农田，或受台风袭击的耕地，主带距可为150m，副带距约为300m，网格约为4.5hm^2；一般风害的壤土或砂壤土农区。主带距可为200～250m，副带距为400m左右，网格为8～10hm^2；风害不大的水网区或灌溉区，主带距可为250m，副带距为400～500m，网格为10～15hm^2。

六、绿化林的经营模式

兼用型构树经过定向培育，能够满足行道树的基本特征和要求，是作为行道树理想的候选树种，具体表现为树体高大，干形通直，枝叶繁茂，冠幅一致，绿化美化的效果好；适应性强，生长健壮，耐污染，抗粉尘，病虫害少，树木较易管理，养护成本低廉；树木栽植成活率高，缓苗期短，栽后当年就能出效果，不像银杏等树种缓苗时间较长，甚至长至2～3年以上；构树雄株没有飞絮，也不产生种子，对周边环境友好（图4-2）。

图4-2　兼用型构树在园林绿化工程中的初步应用

现在兴起森林城市，让森林走进城市，让城市拥抱森林，倡导生物的多样性，需要有花有果的树种，不仅供人观赏，还可为蜜蜂、鸟类提供食源，兼用型构树花果鸟类喜食，是创造鸟语花香意境的不可多得的树种。

兼用构树还可用于农村“四旁地”的种植，净化环境，改善居住条件，起到生态和经济的双重作用；也可在城市小区背阴处种植，耐庇荫，生长力强，绿化的景观效果突出。

第二节　材饲兼用型构树的土地选择和造林整地

一、造林地立地质量的评价

土壤是构树生长的载体，立地质量关乎构树造林成效和生长潜力的发挥。影响构树生长的土壤因素主要取决于四个方面，分别是土壤的物理性质、生长季水分可给程度、养分给予程度和土壤的通气性（图4-3）。

图4-3　构树在同一地区不同立地条件下的生长情况

1. 土壤的物理性质

土壤的物理性质包括土层厚度、土壤质地和结构、紧实度和以往的利用情况。其中强度的农林业利用和放牧使表面土壤紧实，破坏土壤结构。中等质地的土壤连续耕作，也会形成人工或机械硬盘层，减少有效的土壤根系容量，阻碍水分和养分的运动。

2. 土壤的水分的可给程度

生长季适宜的土壤湿度有利于构树的生长。地下水常能为土壤提供水分补充，是构树生长获得水分的一种有效方式，但水位不易过高，以免影响通气，妨碍根系发育。河道旁和水稻田边的地下水丰富，且不影响构树的正常呼吸，构树的生长就十分茂盛。

3. 土壤的养分的可给程度

构树生长不仅需要土壤中含有丰富的氮、磷、钾元素，而且需要土壤中有较高的盐基值和丰富的微量元素。土壤年龄、地质起源、矿物构成、表土深度、有机质等立地性质都会影响土壤天然肥力和养分的给予程度。

4. 土壤的通气性

土壤水分可给性和通气性之间存在着此消彼长的密切关系，土壤中适宜的水、气平衡对构树生长十分有利。缺氧或二氧化碳过多时，根系的呼吸受到抑制，从而妨碍根系对养分的吸收和利用。

二、造林地土壤的调查分析

1. 土质调查

土质是影响构树生长的重要因子之一，构树适生于沙壤土、轻壤土及部分中壤土，重壤土及黏土由于土壤透气性差，氧气交换量不足，容易造成水分流动不畅，不适宜构树生长；在沙性瘠薄的土地，构树可以生长，但长势不好。

构树属于浅根性树种，而且构树品种苗采用无性繁殖，与有性繁殖的实生苗不同，没有明显的主根，侧根发达。根系的发育程度还与土壤结构、肥水条件和栽培管理条件有关。

成龄构树的根系主要分布层在15 ~ 80cm，要比农作物和药材深得多。土质调查应在构树根系的主要分布层中进行，一般解剖0 ~ 100cm土层。通过剖面分析，了解土壤中不同层次的土质构成。

2. 土壤分析

土壤分析主要是对土壤有机质、土壤养分、土壤pH值、土壤盐分进行定性、定量分析，是对土壤生成发育、肥力演变、土壤资源评价、土壤改良和合理施肥而进行的基础工作，旨在为构树生长及其配套栽培技术的落实提供理论依据。

三、造林整地

立地条件是构树赖以生存生长的载体，是构树造林质量的保障，是构树项目实施的基础，无论是新造林，还是就地多轮采伐更新林，都不能忽视立地条件的作用。做好造林前的整地，与品种的选择具有同等的重要性，是推行“良种加良法”的不可缺少的组成部分。

1. 造林整地的作用

平原地区适合发展构树，是构树发展的优先选择，但是随着国家对永久基本农田保护的相关政策出台，构树未来发展的主战场应是丘陵和山地，与果树和经济林遵循的原则是不与粮争地，不与人争粮，构树上山下滩是大势所趋，因而在宜林地的选址过程中，经常会遭遇到地形破碎、沟壑交错、杂灌丛生等各种不利的立地条件，造林整地是一项必须且必要的栽培技术措施。如果造林前不对造林地进行改造，造林后就很难改造，而且会给构树的生长、管理和采伐带来一系列问题。

整地包括一系列的具体操作，各项操作的落实和集成，从而最终使造林地达到造林的基本要求。通过地表处理可以使零星琐碎的地块集中连片、井然有序，使凹凸不平的地面起伏有致、平缓规整；通过清除地下根桩、清理地表杂物，使构树生长所需要的光、温、水、气条件得到改善件；通过修葺作业通道，便于造林施工，提高造林的效率；通过完善沟渠配套，解决灌溉和排水问题；通过实施机械深翻，改良和熟化土壤，提高土壤通气性和水分养分的可给程度等。

2. 造林整地的方法

造林地的立地类型多种多样的，利用的程度也各不相同，造林整地应根据实际情况，选择合理的整地方法以及选用合适的整地机械（工程机械、农用机械等）。以下是三种主要的造林整地方法：

（1）翻耕整地

一般耕地由于大多是小面积连年耕作，很少深耕或根本不深耕，致使耕作层变浅，耕作层基本维持在10～25m，相当于一个旋耕犁片的厚度，而且长年耕作和农机辗轧致使犁底层加厚，耕作下层土壤的团粒结构遭到破坏，土壤耕性恶化，所以造林前的深耕整地十分必要。

深耕通常要求深度达到30cm以上，这样可增加耕作层厚度，凸显整地的效果。具体地来说，通过深耕，使耕作层土壤的上、下层次发生位移，从而有效地改善土壤理化性质和生物状况，扩大耕作层营养物质循环的范围，促进微生物对土壤有机质的分解和积累；使下层的“死土”变为“活土”，将下层紧实的土壤改变为疏松的土壤，从而有效提高土壤的总孔隙度，改善耕作层结构，增强土壤的通气透水性能，促进好气性微生物活动，创造良好的水、气、热所需要的团粒结构，增强耕层土壤的蓄水保水和保肥供肥能力，有利于林木根系的生长发育。

（2）块状整地

块状整地是呈块状翻垦造林的土壤，山地应用的块状整地的方法有：穴状、块状、鱼鳞坑；平坦地区应用的方法有：坑状、块状、高台等。块状整地既可以在全面整地的基础上应用，也可以独立应用，如在绿化工程和四旁地植树。

块状整地是林木栽植前的中心环节。树穴越大，整地的作用就大，适度增大树穴有助于提高整地的效果。块状整地还可以局部改良不良土壤，如沙质土掺黏土或黏质土掺沙等。

（3）带状整地

带状整地是呈长条形翻垦造林地的土壤。在山地整地方法有：水平带状、水平阶、水平沟、反坡梯田、撩壕等。作业时以等高线为基准，沿山体水平方向翻垦，形成相互平行，错落有致的造林用地。带状整地适宜坡度低于25°的山地或丘陵。

平坦地的整地方法有：犁沟、起垄等。作业时根据定植的行距翻垦，行与行相互平行，行间不作翻垦。其中，开沟整地后，可以在沟底挖穴，按一定的株距栽树；也可以深沟回填，在回填土上挖穴栽树。

翻耕整地属全面整地，穴垦整地和带状整地属于局部整地。全面整地效果最好，但整地费用最高，主要用于平坦地区；局部整地的效果不及全面整地，但整地费用低于全面整地，在平地和山地都可使用。

第三节　材饲兼用型构树的苗木准备

一、苗木类型的选择

根据苗木的造林季节和使用目的，确定适宜的苗木类型。饲料林栽植密度较大，在生长季进行栽植，一般应选择容器苗；如果在休眠期栽植，也可选择规格较小的裸根苗栽植。用材林、农林间作林、果用林栽植密度较稀，株行距较大，应选择一年生裸根苗，在休眠期栽植。

二、苗木的质量、分级和出圃

苗木质量是指苗木在其类型、年龄、生理、活力等方面满足特定立地条件下实现造林目标的程度。苗木质量的评价指标包括形态指标、生理指标、活力指标，其中形态指标是指苗高、地径或胸径、根系生长量等；生理指标是指苗木水分、导电能力等测定指标；活力指标主要是指根生长潜力的检测指标。形态指标直观性强，数据获取快捷和方法简便易行，是判定苗木质量最常用的一种方法。

苗木分级多采用2级制，即合格苗分为一级苗、二级苗。低于二级苗标准的为等外苗，等外苗不能直接出圃，需要留圃继续培养，直至达到出圃标准才可出圃。不同类型苗木的分级和出圃标准不同，下面分别予以介绍。

1. 构树容器苗的分级与出圃

构树容器苗的分级与出圃指标（表4-2）。

表4-2　构树容器苗的分级

苗木分级	苗高（cm）≥	地径（cm）≥	叶片数量≥	根系状况	综合指标
一级苗	15	0.25	7片以上	根系发达，根团紧实完整，不散坨	无检疫对象，色泽正常，顶芽饱满，无机械损伤，容器完好
二级苗	10	0.20	5片以上	根系较为发达，根团紧实完整，基本不散坨	无检疫对象，色泽基本正常，顶芽饱较饱满，无机械损伤，容器基本完好

（续表）

苗木分级	苗高（cm）≥	地径（cm）≥	叶片数量≥	根系状况	综合指标
等外苗	≤10	≤20	≤5个	根系欠发达，少有散坨	偶见检疫对象，色泽失绿，容器有破损

容器苗出圃除达到上述出圃要求外，还需要经过严格炼苗，适应外界环境；苗木装车应垂直摆放，杜绝平摆，避免苗木达到目的地，需要二次倒筐以及栽种不及时可能造成的苗木死亡；苗木下地后不能发生大面积的萎蔫现象。

2. 构树一年生裸根苗的分级和出圃

以4月下地的容器苗培育而成的一年生裸苗为例，说明相关苗木的分级和出圃指标。构树一年生裸根苗的分级和出圃指标见表4-3。

表4-3　构树一年生裸根苗的分级

苗木等级	苗高（m）	胸径（cm）	根系状况	综合指标
一级苗	4.0	3.5	根系发达，侧根不低于3～5个	无检疫对象，无机械损伤，主干通直，树皮光滑、无节疤或节疤少
二级苗	3.0	2.5	根系发达，侧根不低于3～5个	无检疫对象，无机械损伤，主干基本通直，节疤少

构树苗木起苗时，对挖取的根系都有一定的要求，其根幅和根深取决于苗木胸径的大小。一般来说，胸径2cm时，根幅和根深不应低于20cm；胸径2.5cm时的，根幅和根深不应低于25cm，胸径2.5cm时，根幅和根深不应低于30cm。根系挖得大些可能费时费工，但起苗时按照上述标准，有助于使苗木受伤降到最低程度，同时不会过多地提高起苗的成本。

苗木活力随失水而下降，苗木最好随起随走随种，尽量保持苗木不失水或少失水，尤其是根系的含水量。优良的苗木质量和栽前状态对苗木栽后成活率起着重要的作用。

苗木要适当修剪，分级捆扎，每捆10～30株。每捆苗木必须有标签。标签上注明品种、产地、苗龄、等级、起苗日期等。苗木外运需要办理苗木检疫证和运输证。

第四节　一年生构树苗栽植

本节以胸径2～3cm的构树一年生苗为例，阐述有关栽植方面的内容。

1. 栽植密度

栽植密度是造林设计中重要组成部分，关乎单株生长和群体生长的相互关系、影响单位土地面积的合理利用和地上物收益。栽植密度过密时，树高生长迅速，但径粗生长弱化，株间竞争加剧，根系相互交错，苗木分化现象严重；栽植密度过稀时，机械化操作空间大，胸径生长迅速，但树干发育差，大侧枝增多，高生长相对减慢，不利于形成通直圆满的树干，而且林下易滋生杂草，管理强度增大，土地的利用率降低。

与杨树等用材林相比，构树具有一定的耐阴性，可以适当增加栽植密度；构树又具有较强的速生性，可以适当减少栽植密度，两者权衡，构树的栽植密度略大于杨树的栽植密度。中小径级的构树用材林的栽植密度一般不超过200株/亩，常用的栽植密度是2m × 3m、2m × 4m、3m × 5m、3m × 6m等，具体密度还要根据轮伐期的长短、木材径级的大小、是否间伐和机械化操作等因素而定。用材林经营一般都有密植的倾向，希望多种就能多收，其实不然。实际上，单位土地面积及其地上物的光合面积决定了最大的生物产能，但是通过间伐可以调整初植密度和终植密度的关系，获得最佳的造林收益。

造林密度设计一般以宽窄行为宜，行距最好不低于2.8m，在相同的密度下，宽行方便人机通过，有利于田间管理。集约化经营要实行分区作业，区与区之间以道路相连，除了满足通行和管理的要求外，还可增加林内的通风透光，以及起到用作防火道的应急功能。

2. 造林季节

北方地区适宜春季造林，土壤解冻后就可进行。这时地温高于气温，有利于根系开始活动，根系生长优先于芽体萌动，而且苗木由休眠状态进入生长状态后，体内养分充实，且地上部分与地上部分的水分易于达到平衡，苗木栽植成活率高。

北方地区秋季造林可能面临的问题，一是构树幼苗越冬易发生抽条，尤其是新栽树苗，其起苗过程中根系有不同程度的损伤，吸收水分能力减弱，体内含水量难以抵消或补偿水分的消耗。二是北方冬季寒冷、干燥多风，给构树安全越冬造成严重影响。因而北方地区以春季造林为主，南方地区春季造林和秋季造林均可。

3. 苗木栽植

（1）树穴准备

树穴位置确定后，主要是由人工和机械完成。常用的挖穴机械是钩机和打坑机，具体挖穴的方式根据造林地的情况而定。人工挖穴比较灵活，机械挖穴功效较高，其中钩机挖穴树穴较大，对土质要求不严，但回填较费工，而且需要较大的操作空间；打坑机挖穴，树穴大小一致，土壤回填速度快，树苗放置和浇水比较方便，但仅限于平地使用。若树穴较深，需要将表土回填至一定的高度，确保根系落在合适的位置。

（2）栽植深度

栽植深度对苗木成活率、栽后管理及生长量都有很大的影响。栽植深度通常以苗木根颈处为基准或参照，将栽植深度定义为深栽、浅栽和平栽。

苗木的根颈处是树苗的根和干的交界处，是根与干之间的过渡区，是树苗对环境条件变化最为敏感的部位。不同种类的树苗对栽植深度要求不同，构树适合适当深栽，即栽后超过苗木原土痕10～15cm为宜。

构树适当深栽的好处在于：一是固定性强，遇大风不易倒状，有利于苗木扶正和调直，林相美观；二是构树茎干含有丰富的不定根原基，易产生不定根，使得埋土部位的茎干能够快速生根，扩大根系的吸收面积；适当增加埋土厚度有利于树体下部水分的充足和保持，对地上部分的水分供应有着积极的作用。

（3）栽植垂度

把树苗栽直是栽树最基本的要求。树穴挖好后，将树苗垂直放入穴中，然后进行土壤回填。土壤应分层回填，每层回填后要踩实，确保回填后的土壤均匀紧实。浇水后土壤下沉以及遭遇强风，新栽树苗常会发生倾斜，需要重新扶正，填土踩实，确保苗木与地面垂直。

（4）其他的栽植要领

树苗栽直不单是为了景观效果，更重要的是关系到栽种后树木的生长发育和木材质量。若将树苗栽歪了，在以后的生长期间是难以长直的。歪得轻，可能是随弯生长；歪得重，树干上会长出直立的侧枝以及基部产生大量的萌条，严重影响主干的正常生长。

苗木栽植是造林的中心环节，也是实施栽后管理的基础。栽植质量高，不但树苗的成活率高，缓苗快，生长迅速，而且避免了补苗的环节，苗木生长一致，便于统一管理。栽植质量低，不仅会影响到苗木成活和生长，而且会带来增加管理强度等不良后果。

在旱情较重，构树常规造林成活把握不大的情况下，可采用平茬造林。如果常规造林的构树苗木忍耐不了干旱，主干开始由上而下发生干枯时，应该在主干适当位置进行截干，情况严重时甚至平茬，防止干枯继续向下传递，危及苗木的成活。一旦错过截干或平茬最好时机，可供选用的其他挽救措施就难以施展。

一年生构树裸根苗已经过修剪基本成型，栽后修剪任务量减轻；苗木本身具有的高度优势，可抑制杂草的干扰，减少抚育管理的强度。另外，此种规格的苗木在运输、起苗和栽种方面都较为经济和方便。

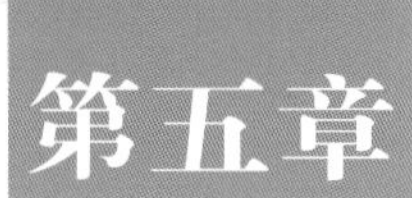

材饲兼用型构树的抚育技术

第一节　材饲兼用型构树的水分管理

一、水分来源

1. 地下水

适宜的地下水位是构树生长的重要条件。构树虽然耐水湿性不强，在积水区生长不良，甚至死亡，但是构树喜水，在构树生长期间，根系能够经常临近到地下水或毛管上升水层的上缘，即地下水位高低合适，是有利于构树生长的，应该充分利用地下水。日常可以看到，在地下水相对丰富的环境下，如水稻田的田埂上、水体的边缘和阴湿的土壤，野生构树生长较为旺盛。

一般来讲，丰水区毛管水的上升高度变动于50～200cm，砂质土上升低些，黏质土上升高些，壤质土介于中间，约100cm。合理利用地下水，可以改善构树生长的土壤水分状况，是一种较为经济的供水方式。对于地下水位过低的林地，只能通过其他的水分补充方式解决构树生长期的供水不足的问题。

2. 地面水

地面水是指河流、湖泊、水库中的水。地面水体是降水的天然汇集场所，是由降落到地面的水顺着地表径流，沿着地势高的地方向地势低的地方流动，最后都汇集到当地的河流中而形成该河的流域。

对于一些地方的盐碱地，如果地下水盐碱浓度过高就不能作为林木灌溉用水，只能用地面水进行灌溉。如山东东营一带的林木灌溉水主要取自黄河，当地的地下水不能用于林木灌溉。

3. 天然降水

天然降水中含有一定的营养物质，如氮化物较高，在下落过程中还能携带大量的空气中的氨元素，合理利用天然降水，不仅可以解决林木灌水问题，而且对林地土壤有利；天然降水量大，空气、林木和土壤都会波及，水分入地透彻均匀，不像漫灌那样造成土壤板结，也不像喷灌那样造成叶片被土壤污染，远胜于其他水源供给方式。

天然降水是一种最为经济的水分来源，应充分加以利用，使之成为林地浇水的主要来源，集水的办法有很多，如林地平整，土质疏松，降低坡度，减少地表的硬度。

对于构树林地来讲，每年600mm以上的降水量基本上能满足构树生长对水分的基本需求，但降水不足或降水不匀的，应适时适量进行补水。海河平原一般在生长期浇灌3～4次水，每次浇水量不应少于降水量100mm的标准。按此水分指标，水量不足的地方应做好水源开发。

二、水分管理的措施

1. 栽后第一年的浇水

幼树栽后要经历缓苗期，这一时期苗木生长处于不稳定状态，对外界环境的适应能力差，若管理措施不到位，苗木会随时发生死亡。其中最主要的管理措施是水分，栽后应尽量保证3次浇水。第一次浇水应在苗木栽后立即进行，第二、第三次浇水分别在5～7天和10～15天后进行，苗木有倒伏现象应及时扶正、踏实。

幼树成活并进入正常生长阶段，可根据苗木的生长状态、土壤墒情和降水情况进行浇水。在华北地区，构树在4月上中旬才开始发芽，此时气温已开始回升，苗木蒸腾量大，靠自身的水分供应很难满足，若供水不足，树苗耗尽本身水分后会回芽死亡，故应浇保芽水；栽植后45天左右，为幼树发根旺盛期，为了促进多生根，应浇盘根水。

进入5月中下旬，气温高，降水偏少，土壤干旱，应每隔10～15天浇保命水；6—8月是一年当中雨水最为集中的时期，也是气温最高，苗木生长最快的时期，如果降水少，也应进行补浇；9—10月，气温开始下降，早晚温差大，苗木生长减缓，浇水的频率可以降低，20～30天浇1次水即可；土壤上冻前，应浇1次冻水。

2. 栽后第二年至成林阶段浇水

苗木进入第二年，生长状态已经稳定，管理强度可有所下降。实施林木自主生长、靠天吃饭的经营方式较为普遍，但是为了加快林木生长，发挥土地的生物产能，保证最基本的水分管理强度应是利大于弊的，建议每年浇水应不低于4次。

3月下旬至4月中旬，浇解冻水，减少春旱对构树生长的影响，减少抽条现象的发生，促使苗木正常发芽和展叶。

5月中旬至6月上旬，浇促长水，减少持续旱情对苗木生长的影响，为苗木生长高峰期的到来打好基础。一些地方地方不重视雨季到来前的浇水，无形中缩短了林木当年的速生期。不仅影响生长量，还会造成树木衰弱，对以后的生长不利。

6—8月，浇补充水，只有在缺水时采用。充分利用有利的天气条件，促成苗木生长、雨水和气温三者的有效结合。

11月上中旬，浇冻水，可以放出潜热能，提高林木越冬能力，而且浇水后能够平衡地温，而较高的地温可以推迟树木根系休眠，使根系吸收充足的水分供蒸腾消耗需要，可以防止早春干旱。

3. 生长中后期林木的浇水

为了延长林木的速生期、维持林木的生长势，促使枝叶保持正常的吸收功能，减少旱情对树木生长的影响，应酌情浇水。每年浇水应不低于2～3次，并将浇水的重点放在前期，即春季必须浇1次透水，雨季到来以前，若天气太干旱应浇补充水。

尽量防止极端旱情发生。极端旱情发生时，叶片会发黄，甚至落叶，树木处于自保状态，正常的生理活动难以进行，如光合作用降低，光合产物形成受阻，呼吸作用紊乱，消耗的营养不能转化为树木的生长，即使采用了补救措施，树木的元气大伤，造成的伤害短期内难以消除。

三、水分管理的作用

1. 浇水与苗木成活

定植后的苗木，由于起苗过程会导致根系损伤，吸收水分的功能降低，而且根系离土期间也会引起树体水分散失，苗木全株处于缺水状态，苗木成活存在很大的不确定性，因而浇水是最主要的管护措施。浇水的作用主要是改善土壤墒情，并使树苗根系与土壤紧密接触，从而增加根系对土壤水分的吸收，满足苗木维持生长所需水分。

具体来说，新栽苗木大部分细根已经死亡，仅有少量细根及较粗的侧根存活，粗根吸水功能较弱，导致树体内的水分难以平衡，树体水分吸收小于树体水分散失，苗木的生命力十分脆弱，发芽乏力或发芽后长势较弱，此时加强水分管理，有助于其在新的生长条件下重新建立水分动态平衡，维持苗木的基本生长。经过一段时间的抚育管理，粗根开始发出细小的新根，新根的根细胞具有较强的吸水功能且能够正常地吸水，可有效促使苗木发芽和展叶。这个缓苗过程是比较长的，期间只有及时浇水才能顺利度过缓苗期。一旦水分供应不上，苗木就会出现回芽现象，甚至死亡。为了防止死苗发生和提高苗木的成活率，应在苗木定植后及时补充水分，并注意观察苗木的生长状态。只有苗木生长健壮、枝繁叶茂、叶片挺立，叶色浓绿才能初步断定苗木成活。

2. 浇水与苗木生长

苗木成活后，水分在苗木生长中也一样起着重要的作用。一是水分苗木是林木细胞扩张生长的动力。细胞在扩张生长的过程中，需要充足的水分使细胞产生膨胀的压力，如果水分不足，扩张生长受阻，植株生长矮小；二是水分是林木各种生理活动的必要条件。林木生长需要有机物作为细胞壁和原生质的材料，这些材料是光合作用的产物，而水是光合作用的必要条件；林木生长需要的矿物质也必须有水的参与，才能更好地发挥矿物质的作用。

第二节　材饲兼用型构树的肥分管理

土壤是林木生长的载体，土壤肥力状况直接影响到林木健壮生长与否，而土壤的肥力状况不仅取决于土壤本身营养成分的数量和质量，更多地取决于外来营养成分的数量和质量，从某种意义上讲，外来营养物质的补充是林木生产力的主要的限制因子之一。

在我国的农业生产中，一般氮肥的利用率为30%～75%，当年的利用率不超过40%～50%；磷肥的利用率仅为10%～25%；钾肥的利用率仅为20%～30%。我国林业生产中的化肥利用率更低，尿素的利用率只有15%～20%。通过合理施肥可以提高肥料的利用率，解决土壤肥力不足的状况，满足林木生长所需要的营养物质，为林木的丰产、高产和稳产打下坚实的基础，从而实现林木种植效益的最大化。

一、土壤施肥

1. 肥料的种类

肥料主要有有机肥和无机肥两大类。有机肥包括农家肥、绿肥、河泥、腐植土等，营养元素丰富，含有氮、磷、钾，也称完全肥料。有机肥施入土壤后，需要经过微生物的分解转化才能够被苗木吸收利用，而且肥效稳定长久，又称迟效肥。有机肥的作用，一是改良土壤结构，防止土壤板结；二是可以启动土壤潜在养分，使之由难溶性矿质元素转化为可溶性元素；三是能够提高土壤的供肥能力。

无机肥包括化肥、草木灰和微量元素，营养成分单一、肥效快，也称矿质肥料或速效肥。氮肥、磷肥和钾肥是林木需求较大的肥料，含有氮、磷、钾三种营养元素中的两种或三种且可表明含量的化肥，称为复合肥。

2. 施肥方法

（1）有机肥的施肥方法

有机肥常作基肥，一般在秋季落叶后土壤上冻前施入，挖穴、开沟和深翻均可。畜禽新鲜粪便须经1～2年堆沤处理，充分腐熟后才能使用，否则容易烧苗或给土壤带来病虫滋生。苗木初期对磷肥反应敏感，一般加入磷酸钙等磷肥。

在构树种养一体化动物养殖过程中，动物的粪便经过沼气化处理，产生的沼液可由管道输入到构树地里，不仅解决了排污问题，而且满足了构树生长的需要，实现了变废为宝和良性循环。

（2）无机肥的施肥方法

无机肥常作追肥，在苗木的生长期内施入，能快速地发挥肥效。不同种类的化肥特性不同，不同地方的肥力状况也不同，应根据实际情况有区别地和有针对性地使用。

97%～99%的土壤氮是存在于十分复杂的有机物质中的，植物无法吸收这些氮。只有在其被微生物缓慢分解，释放出无机态氮后，才能被植物吸收。当土壤可利用的氮元素不足时，需要通过氮肥施入进行补充。构树生长需求的氮肥主要为尿素，土壤对尿素呈分子吸附，是一种弱吸附，不像对铵态氮离子吸附那样牢固。因此尿素氮在土壤中的移动性较大，易溶于水，可随水下移，因而结合降水进行施肥，可减少施肥用工。如果埋土施肥，尿素入土后不能直接发生作用，其分解转化过程较复杂，时间较长，肥效较慢，而且在分解转化的过程中流失性也较大，所以施用不宜过深，以埋施于浅层土壤，浇水后使其渗透到根系分布层为宜，另外尿素也适宜作根外施肥。

土壤的全磷含量以五氧化二磷（P_2O_5）的多少来表示，一般为0.10%～0.15%，低于0.05%则属于土壤全磷低的土壤。我国南方地区的酸性土，全磷含量一般低于0.10%，而北方地区的石灰性土壤，全磷含量较高。当土壤的有效磷不足，就需要进行磷肥补充。构树常用的磷肥是磷酸钙和钙镁磷肥。磷肥在土壤中的移动性小，而且施入土壤后，其中水溶性磷酸钙常与土壤中的铁、铝或钙离子结合，生成溶解度很小的化合物，从而降低磷的有效性，所以要埋土施肥，并将磷肥施于根系密集分布的地方，以增加根系与磷肥接触面积，提高根系对磷肥的充分吸收。磷肥可作基肥、追肥和根外施肥施用。作基肥时可与农家肥混合均匀后，撒施于树苗的栽植坑底。作追肥时应掌握少施、早施、深施。

土壤中的钾，主要以无机形态存在，可分为速效钾、缓效钾和无效钾三类，它们之间存在着动态平衡，调节钾对植物的供应。常用的钾肥是氯化钾，钾肥与磷肥相似，在土壤中的移动性较小，只有先满足土壤固定需要后，才能被林木吸收。因此不可以像尿素那样可以进行地面撒施，而应埋土施肥，施肥的位置应靠近根系集中分布区，便于肥料与根系的接触和吸收。一般黏质土壤含黏土矿物多，固钾量大，钾肥多施，而砂质土壤固钾量小，钾肥少施。埋土施肥以沟施或穴施为宜，深度20～30cm。

3. 施肥量

有机肥作底肥时，每亩施用量2～5t，但由于有机肥的施肥成本较高，每亩连肥带工支出可达数百元，制约了有机肥的广泛使用，构树使用有机肥的地方并不多。当然有条件的话，尽量使用有机肥。一些地方用沼液入地就是很好的有机肥利用方式。

无机肥施肥量是根据苗木的栽植密度和苗木规格等因素确定施肥量。苗木种植密度较大而且苗木规格较小时，可按每亩的施肥量计算，一般第一次施肥每亩用量15kg，以后逐次增加肥料用量；苗木较大且株数较少时，可按单株计算施肥量，单株施入0.5～1kg肥料，以后逐次增加肥料用量。每年的施肥次数应不低于3次，每次施肥间隔在20天左右。

二、叶面施肥

根系是林木的主要器官，具有固定、吸收、运输和改善土壤环境的作用。根系从土壤中获取和利用矿质元素和水分，满足林木生长发育的营养需求，维系林木正常的生理生化和新陈代谢活动，因此根部施肥，也称土壤施肥是林地的主要施肥方式。叶片虽然也具有一定的吸收和传导功能，但其对矿质元素和水分的吸收功效不及土壤施肥，叶面施肥只能作为土壤施肥的一种有效补充，不能替代土壤施肥。

在一些特殊情况下，叶面施肥也可以发挥独特的作用，如枝条扦插生根过程中，插条没有生根或根系没有发育完全，叶面施肥常作为营养成分补充的一种重要措施；叶片喷施杀虫剂、杀菌剂时，与叶面肥混配可以起到一举两得的多种功效；由于无人机的发展十分迅速，为叶面肥的广泛使用提供利有力的支持。据介绍，一台能装10kg药液的小型无人机，1天可喷洒药液500～600亩（图5-1）。

图5-1 利用小型无人机对大田作物进行喷洒药液或施肥作业

常用的叶面肥料是尿素和磷酸二氢钾，使用浓度一般为0.2%～0.5%。市场上也有专门的叶面肥产品出售，由于添加了微量元素，叶面肥的营养成分更加全面和均衡。

第三节　材饲兼用型构树的树体管理

树体是树木形态和结构的体现，承载着树木的不同功能，只有形态、结构和功能的统一，才能收到良好的预期效果。树木的属性具有遗传性，是固定不变的，但是可以通过树体管理技术手段，使之按照人们的意愿更好地发挥某一方面的功效，为己所用。树体管理包括单株管理和群体管理。单株管理的技术手段主要是整形修剪；群体管理的技术手段主要是间伐，协调单株间的相互关系。

一、树体修剪

1. 定型期的整形修剪

构树苗木定植后的第1年为定型期，不仅关系到苗木成活和生长，而且关系到树体结构和形态建成，通过整形修剪可以培育良好的树形，为用材林定向培育打好基础。

（1）主干的确立和保持

兼用型构树属合轴分枝，决定了主干高生长的同时，其下的侧枝生长也十分茂盛，容易形成多头现象，干扰主干的形成和保持，为此在苗木定植前和定植后，需要进行整形修剪。

①定植前的修剪。采用一年生兼用型构树苗栽植时，可将苗木的侧枝剪下，使用独干苗栽植，尤其是靠近主干顶端的侧枝要重点修剪。来自北方的越冬苗木，如果有抽梢现象，可在抽梢部位以下选择适当位置截头，尽量做到定干高度一致。

②定植后的修剪。

a. 定干苗的处理：截头或定干后的苗木在生长过程中，会发出许多侧枝，对于定干处的侧枝，一般选择最高位置的侧枝作未来的主干，周边3～5个侧枝都要剪掉，促使主干快速生长。如果新主干着生位置往上还残存着一段原主干的干头，一定要将其斜着剪去，为的是新主干与原主干上下及早对接和干形的直立。

新主干在生长的过程中，起初与其下面的原主干在交界处对接不好，而且新主干增粗快，其粗度与下面的原主干粗度也不成比例，并且新主干柔软且直立性不强。经过2～3个月的生长，新主干与下面的原主干对接得到逐步修复，直至上下在一条直线上。此时，苗木已恢复正常形态，看不出定干的迹象，直立性也更加凸显了（图5-2）。

b. 未定干苗的处理：未经截头或定干的苗木顺其自然生长，当出现主干顶芽下面的侧枝生长过旺，有可能影响顶端优势时，可将这些侧枝剪去。如果不及时处理，树冠易发散，主干的优势弱化，向上生长受到抑制，达不到应有的生长高度。

图5-2 兼用型构树原主干顶梢干枯，并被挤向一边，干枯部位下面的一个枝条成为新主干。其他侧枝及时修剪，有利新主干的通直

（2）侧枝与萌条的修剪

构树苗开始生长后，主干的中部和基部会产生大量的侧枝和萌条，此时枝条的取舍要注意以下三个方面的内容。

①修剪的程度。枝叶量多少直接影响光合面积、光合效果以及光合产物对树木的营养补充，保留适量枝叶有利于树木的生长，使树木按照定向培育的方向发展。当修剪过度时，枝叶量大幅度减少，会造成径粗生长弱化；当修剪不足时，枝叶过量，霸王枝增多，会造成营养物质分散，高生长弱化，不利于主干的培养。

②修剪的步骤。对于主干基部发出的萌条，其位势低，长势旺，对营养物质的掠夺性强，过度生长还会影响水分和养分向上运输，加剧主干顶端的失水，保留萌条对树体的贡献不大，弊大于利，可随时予以清除。对于分布在主干不同位置的侧枝，特别是早期树木开始生长，全株枝叶量还不够多时，其着生的叶片产生的有机物有利于树木的生长，叶片的蒸腾作用有助于促进根系活动，提高对矿物质和水分的吸收，可予以保留。但随着枝叶的增多，树冠的丰满以及林内通风透光的需要，一部分侧枝的重要性降低，甚至没有保留的必要，尤其是后期过粗的枝条会干扰主干生长，不利于优良干材的形成，侧枝修剪工作应适时展开。侧枝修剪一般从主干的下部开始，由下至上进行，且剪枝高度随着苗木增高逐步往上移，一般剪去侧枝的高度为苗高的1/4 ~ 1/3，树体较高，采用下限；树体较低，

采用上限。当修剪高度不便操作时，主要依赖林分密度自然整枝，自我调节。

③修剪质量。侧枝修剪时，剪口应尽量贴近主干，力求一次剪除干净，不留节疤，否则剪口处容易重新长出新枝，还需二次修剪。侧枝粗度在1～1.2cm范围以下，用剪枝剪就可；大于1.2cm时，要使用手锯。由于构树皮纤维较长，手锯锯断侧枝时，操作不当容易产生树皮撕扯而对树木造成一定程度的损伤，因而修剪时可在侧枝下方先锯一刀，然后在在侧枝上方开锯，这样可以有效防止树皮撕扯。

2. 林分郁闭后的修剪

此时修剪以稳定树冠结构，保持树形树势，协调树木均衡生长作为树体管理的任务，同时注重林内通风透光条件改善，使整个林分向着林相整齐，林地干净整洁，林木高产、优质、高效的方向发展。

（1）修剪的方法

①自然修剪法。林分郁闭后，树体基本成型，枝下高以下萌生的侧枝作用减小，可及时除去；枝下高以上的枝条，因操作不便，人工修剪已由自然整枝所取代，清理枯枝落叶，保持林内的通风透光成为主要的工作内容。

关于林内通风透光的作用，大家对透光的作用认识深刻，但对通风的作用一直没有很充分的描述。近来法国的一位从事林木经营的学者从生物的物理学角度，安排了多种风对树木生长的试验。试验设计新颖有趣，给人启发良多。其结论是木材生产不光是由光照、水分、营养等情况决定的，机械信息也在发挥作用。微风造成树木的摆动，或者树木对风力的感知和生长响应，能够使树木生长更快，尤其是树干基部；树木主干受应力、压力作用都会产生材质、材性的优化。由此推测，微风引起的树叶翻动，对树木生长活力和新陈代谢都会有一定的作用。

②固定直径修剪法。木材直径10cm是一个重要指标。一般高于这个指标林木就可以按方计量，获取的木材收益就多，而低于这个指标则按重量计量，获取的木材收益就低。此外，净干指标也十分重要，净干高说明单株立木可以获得10cm及以上直径的木材节数就多。一般采伐放倒的林木常以2m为一节，按节锯断，方便计量和装车。

固定直径修剪法是以木材直径10cm为基准，当侧枝处的树干达到10cm时，就将该处以下的侧枝剪掉，经过一段生长，当更高位置的树干再次达到10cm时，就将此处以下的侧枝剪掉，以此类推。随着树木的增粗和净干的不断提高，逐步实现木材收益的最大化。

固定直径修剪法一般在种植密度较稀的情况下采用，不像种植较密的情况下可以利用林分郁闭度自然整枝。固定直径修剪法有利于快速处理影响主干生长的侧枝，有效提高木材的出材率。

（2）修剪的效应

①尖削度缩小。树木修剪后对树干尖削度产生影响。构树主干的侧枝较粗较长，如果剪除不及时，会截留本该属于主干的营养，用于侧枝的生长，结果使得主干不够粗，侧枝过于粗。通过对主干的观察，主干自下而上由粗变细是很自然的，但是遇到较大的侧枝，主干的尖削度明显变大，说明较大的侧枝对主干的影响很大，而剪除侧枝后，主干的尖削度则明显缩小。

②胸径生长量变化。修剪强度与林木的胸径生长量密切相关，若当年修剪太多，会成比例地影响胸径生长量。如修去总枝量的1/2，胸径当年生长量就会减少50%。但少量的修剪不仅对胸径生长量影响不大，而且可以使胸径生长朝着人们意愿的方向发展，提高出材率。林业生产上利用修剪来控制叶面积的扩大与缩小，从而控制其胸径生长，是目标培育工业用材的方法之一。

③主干通直度增加。修剪后明显地提高主干通直度。树冠较大、大侧枝较多的树木，修剪前往往主干不通直，多被大侧枝或偏生枝挤弯，通过修剪将对主干影响大的侧枝修除，矫正主干的生长状态，促进其通直生长。

（3）修剪的强度

构树的修剪强度主要取决于两个方面，树体的高度和净干的高度，通常用树冠长度与树高之比（冠变比）来表示。随着树体的增高，分枝点上提，直到合适的净干高度。当树高6m以内，冠高比3/4；树高6～12m，冠高比2/3；树高12m以上，冠高比1/2，以此确定净干的最大高度。根据速生树种修剪试验的评估，无论修剪强度如何，当年损失的枝叶量均不宜超过40%。如果枝叶损失40%以上，对树木当年生长量有显著影响。

位于构树顶芽下方的侧芽发芽力和成枝力对构树保持主干直立、提高林木的出材率影响很大，其次是主干上较粗的侧枝，因此对于干扰主干顶端优势的侧枝应及时修剪，避免出现一树多头的现象；对于影响树体圆满的侧枝也应及时修剪，力求减少树干节疤和营养成分在个别侧枝的过度积累。

二、林木间伐

构树用材林适宜早期密植，即初植密度大于终植密度的造林设计，早期密植有利于集中管理，充分利用土地，培养良好的干形，但是随着林木的长大和树冠的开张，林木间的交互作用增加，林内通风透光条件恶化，这种情况任其发展下去，就会带来不良的结果。据有关的试验研究结果，当林间郁闭度达到0.7以上时，就会出现弱化性增高徒长，径粗生长明显减少，甚至停止；林间分化严重，呈现“大”欺“小”现象，整齐度明显下降；侧枝干枯，自然整枝严重，单株光合面积急剧减少。

间伐又称中间利用采伐，是调整林分密度的一种重要手段。通过间伐，去掉一部分林木后，改善了林内通风透光条件，使留存下来的林木得到更好的生长发育空间。此外，间伐还可以使留存的林木更加健壮，对病虫害的抗性增加，以及可以获得一部分木材或早期收益。

选择合理的间伐时间，一般在林分郁闭后1～2年进行。间伐过晚，侧枝生长发育受阻，腋芽受到抑制，难以抽生新枝，严重时还可造成侧枝干枯死亡。此时实施间伐，即使林内生长空间增大、通风见光了，但是久受抑制的芽体需要时间恢复生机，新梢不能很快和大量产生，导致枝叶量不足，延缓了林木的快速生长。

间伐对用材林经营有着十分重要的意义，在生产实践中已得到了广泛的应用。从林木定植到最终皆伐的整个生长期，间伐一般进行1～2次，以调控林木个体生长与群体生长的关系，短期收益与长期收益的关系。此外，通过密度与林木生长的动态调查发现，密植间伐型的树干，明显优于稀植而一次性皆伐型的树干。

第四节 材饲兼用型构树的中耕除草

一、中耕

中耕的作用是疏松表土层，避免土壤板结，减少水分蒸发，增加土壤保水蓄水能力，提高土壤的透气性，加速根系微生物活动和促进根系生长发育。中耕还可切断土壤的毛细管，减少水分蒸发，故有“无水灌溉”之称。同时疏松的土壤吸热性和导热性强，利于提高地温。在干旱或盐碱地，雨后或灌水后，都应进行中耕，以保墒或防止返碱。

林地长年经营势必造成土壤的硬化，影响土壤与大气的氧气交换，而氧气是呼吸作用中有机物质氧化分解的必要条件，在正常情况下，空气中氧的含量为21%左右，对林木地上部分的影响不大，而地下根系容易发生氧气不足。因为氧气很难透入土壤深层，土壤如果透气不良，就会影响根的生长和正常的呼吸作用。毛细管，改善土壤的理化性质，减少水分蒸发，利于降水渗透，减少降水时的地表径流，还能促进土壤微生物活动，加速有机质分解，增加土壤肥力。

中耕可以使用机械进行翻耕，深度以10～15cm为宜。深度过浅起不到应有的作用；过深会切断较多的树木根系，影响根系生长。

二、除草

除草的目的是抑制和消除杂草对苗木生长的干扰，减少杂草对阳光和土壤水分、养分的掠夺。除草与中耕相比，动土较浅，以能铲除杂草、切断草根即可。在实际应用上，中耕与除草通常一并进行。

除草应本着“除早、除小、除了”的原则，尽量控制杂草过快生长，雨水季节更应如此，否则一旦造成草荒，除草的成本明显加大，也耽误了苗木的正常生长。每年杂草防除的次数一般不低于5次，除草任务艰巨，合理安排杂草防除工作十分必要。

构树苗木定植后，由于苗木的株行距较大，其除草方式与栽植密度较大的小苗不同，苗木除草应以机械除草为主，机械除草、化学除草和人工除草相结合。机械除草效率高，除草效果好，对人与环境的影响小，而且粉碎的杂草和废弃枝条能重新还田，起到了压青肥田的作用，实现了土壤的营养物质与能量的交换。除草机械除不到的地方，如株间杂草和靠近树桩的杂草可由化学除草和人工除草方法进行清除。

构树集约化经营，种植面积较大和构树树龄增长，可以提高化学除草的使用率。化学除草剂主要是通过几个作用机制来抑制杂草生长。一是抑制光合作用，二是抑制氨基酸的生物合成，三是干扰内源激素，四是抑制酯类的生物合成，五是抑制细胞分裂。根据处理对象和目标不同，除草剂分为茎叶处理剂和土壤处理剂，两类除草剂既可以单用，也可以混配，以求获得既能除草，又能封地的双重作用。

土壤处理剂，主要防除早春型和晚春型杂草。除草剂可选择三氮苯类的阿特拉津、二硝基苯胺类的氟乐灵、乙草胺等；茎叶处理剂使用较多的是草甘膦、盖草能、2,4-D等内吸传导型除草剂及百草枯、果尔、五氯酚钠等触杀型除草剂。

此外，除草是一种间接地促进林木生长的措施，但能直观地反映林木的经营管理水平，林地的风彩和视觉效果。

第五节　材饲兼用型构树的病虫害防治

构树生长健壮，适应环境的能力强，具有较强的抗逆性，在自然界中较少看到构树被病虫过度侵害的现象，而不像杨树、榆树等树种的树叶常被吃光或主干上布满虫孔。实际上，林木病虫发生是一种正常的自然现象，但任其发展会给林业生产造成不同程度的损失，而且由于构树集约化生产的需要，采用单一树种或单一品种的造林，生物多样性缺失，生物间的拮抗作用减弱，病虫害发生的概率势必增大，因而有效地防控病虫害十分必要，力求做到未雨绸缪防患未然，无病（虫）防病（防虫），有病（虫）治病（治虫），使病虫对构树的危害程度降低到最低，使病虫害对构树经营造成的损失可防可控。构树病虫害防治是构树经营管理中一项不可缺少的内容，其重要性应摆在与其他管理措施同等的位置上。病虫害的防治措施主要从三个层次进行，一是创造构树生长的良好环境，保证构树的正常生长，提高构树对病虫害的抵抗力。二是注意疫情的监测，防止疫情蔓延；减少病虫害的寄主，降低病虫发生率；及时清除病枝病叶，减少污染源。三是采取以化学防治为主的病虫害综合防治措施。下面介绍构树常见的病虫害及其相应的防治措施。

一、病害及防治

1. 褐斑病

（1）症状及特点

褐斑病，又称立枯丝核疫病，属半知菌亚门真菌。叶感病初期，在叶片正反两面可见芝麻粒大小的褐色病斑，水渍状，后逐渐扩大成圆形或多角形。病斑直径为2～10mm，大小不等，边缘为暗褐色，中央淡褐色。病斑上环生有白色或微红色的粉质块，内有许多黑色小点，即病原菌分生孢子盘。病斑在遇低温多湿或阴雨连绵天气，吸水膨胀，干燥时病斑中部常开裂，多融合成大病斑，后叶片焦枯或烂叶，枯黄脱落。

病原以菌丝体或分生孢子器在枯叶或土壤里越冬，借助风雨传播。夏初病害开始发生，夏秋两季为害严重。高温高湿、光照不足、通风不良和连作等环境条件下有利于病害发生。

（2）防治方法

选择抗性较强的品种，并注意不同抗性品种的合理搭配。栽植密度要适当，注意通风透光。加强林地管理，生长期发现病叶，及时摘除并销毁；冬季消灭越冬病原，减少病原发生基数。发病期可用10%苯醚甲环唑水分散颗粒剂22.22g/ml或25%丙环唑乳油500g/ml喷施，7～10天防治1次，连续防治3～4次，可有效控制住病情。

2. 萎缩病

（1）症状及特点

萎缩病是一种危害性很大的病害，主要分为黄化型和萎缩型两种，它们均有类菌体原体引起的。发病初期，枝条顶端的叶缩小变薄，叶脉变细，叶片稍向反面卷缩，由上而下叶色逐渐变黄。此时腋芽萌发，侧枝丛生，随着病势加深，更加变形缩小，生长缓慢，春叶减产，秋叶不能利用，严重时导致死亡。从整株发病情况来看，先是由少数枝条开始，最后全株病发。病株经过夏伐后，细枝丛生成簇，2～3年内枯死。病株无花，发病初期根部正常，严重时部分细根变褐萎缩。

病害受温度影响十分显著。在30℃以上时，发病明显；20℃以下转为隐症，因而在6—10月为发病期，7—9月为盛发期。偏施氮肥、地下水位过高等情况下，病症明显。病害的传播途径是带病植物材料扩散和菱纹叶蝉传染。

（2）防治方法

加强对苗圃的检疫，发现病株病苗即时挖除销毁及禁止疫区的植物材料向外调运。加强施肥管理，注意氮（N）、磷（P）、钾（K）三要素适当配合，防止偏用氮素肥料。低洼地区要开沟排水，保持土壤适宜的干湿度；干旱地区要注意适时灌溉。该病传染与虫害有关，应注意消灭菱纹叶蝉。治虫一般以药剂为主，可在春芽开叶、夏伐后新芽再生时进行，用90%的敌百虫2 000倍液喷雾药杀。

3. 根结线虫病

（1）症状及特点

根结线虫病是由根结线虫寄生所引起的，在突起的根结中可以检查出虫体。由于病原线虫寄生于根部组织内，在取食过程中，线虫所分泌的唾液对寄主组织具有刺激作用，使其寄生部位的组织细胞过度生长，形成根瘤。根瘤多发生于侧根、支根及细根上。以后，随着病情发展，根瘤渐变黄褐至褐色，最后发黑腐烂。与此同时，由于根部吸收机能下降，地上部分生长缓慢，树势衰弱，枝叶变小，严重时造成叶片卷曲干枯脱落，最后整株枯萎而死。

根结线虫病的发生与土质、气候等生态环境条件的关系密切。土质疏松的砂质壤土和丘陵地容易发生，而土质黏重的地块很少发病。

（2）防治方法

在发病的苗圃地，第二年不宜再作苗木培育，应进行土壤消毒，并实行轮作倒茬。改良或深翻土壤，增施腐熟的有机肥，提高苗木的抗性和耐性，增加苗木根系发育强度和根表组织韧性，抵制线虫的侵染。检查苗木根部，将根结剪去烧毁，然后用2%福尔马林液浸渍苗木；土壤用2%福尔马林液或二溴氯丙烷消毒。

4. 烟煤病

（1）症状及特点

该病由多种真菌引起的，包括腐生类的和寄生类的真菌。主要发生在枝梢和叶片上。发病初期，表面出现暗褐色点状小霉斑，后继续扩大成绒毛状黑色或灰黑色霉层。后期霉层上散生许多黑色小点或刚毛状突起物。因不同病原种类引起的症状也有不同。小煤炱属煤烟病的煤层为黑色薄纸状，易撕下和自然脱落；刺盾属的煤层如锅底灰，用手擦时即可脱落，多发生于叶面；小煤炱属煤烟病的霉层则呈辐射状，黑色或暗褐色的小霉斑，分散在叶片正背面，严重时一片叶上常有数十个乃至上百个小霉斑。菌丝产生吸胞，能紧附于寄主的表面，不易脱离。

煤烟病以菌丝体、子囊壳或分生孢子器在被害枝叶表面越冬，成为第二年的初侵染来源，并能进行多次再侵染。为害途径主要是借雨水溅射或昆虫传播。以粉虱类、介壳虫类、蚜虫粪害虫的分泌物为营养，并随这些害虫的活动消长、传播与流行。小煤炱菌与害虫关系不密切。栽培管理不好，尤其是荫蔽、潮湿条件与该病害发生有一定相关。煤烟病以5—6月和9—10月发病严重。

（2）防治方法

及时抓好粉虱类、蚧类和蚜虫类的防治。冬季清除已经发生烟煤病的枝条，也可用敌死虫乳油200～250倍液喷雾或对叶面上撒施石灰粉可使霉层脱落。小煤炱属煤烟病在发病初期，可用0.5：1：100（硫酸铜：石灰粉：水）波尔多液喷雾或用70%甲基托布津可湿性粉剂600～1 000倍液喷雾。

5. 根瘤病

（1）为害特点

根瘤病也称根癌病，是一种土壤杆菌属的细菌所引起的病害。该病主要发生在根颈和侧根上。发病初期，病部形成灰白色瘤状物，表面粗糙，内部组织柔软，为白色。病瘤增大后，表皮枯死，木质化，大小不等，大的直径5～6cm，小的直径2～3cm。得了根瘤病的树长势衰弱，产量降低，甚至死亡（图5-3）。

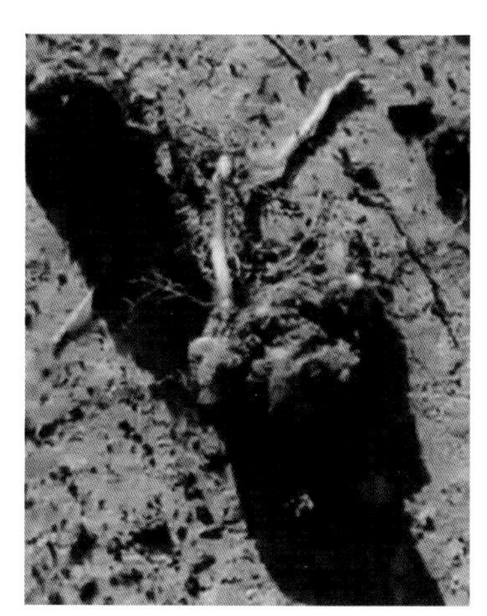

图5-3　构树罹患根瘤病的症状

（2）防治方法

栽前用根癌宁（K84）生物农药3倍蘸根，或用佰明98灵60倍液蘸根；定植后的树体发现病瘤时，用快刀切除病瘤，然后用100倍硫酸铜溶液消毒切口，也可用400单位链霉素涂切口，外加凡士林保护，或用根癌宁（K84）生物农药蘸根5min，对该病有预防效果。

二、虫害及防治

1. 盗毒蛾

（1）为害特点

盗毒蛾属鳞翅目，毒蛾科昆虫。主要分布在华北和华南地区，为害构树的幼芽和叶片。初孵幼虫群集在叶背面取食叶肉，叶面成块状透明斑，3龄后分散为害形成大缺刻，仅剩叶脉。为害林木春芽时，多由外层向内剥食，致冬芽枯凋，影响枝叶产量。

（2）防治方法

发现卵块，摘掉虫叶，杀灭幼虫，及时摘除，最好在幼虫群集为害未分散之前进行。及时清除田间残枝落叶，集中烧毁，消灭虫源。春季幼虫出蛰后和各代幼虫孵化期，喷洒20%氰戊菊酯2 000倍液或90%晶体敌百虫。也可喷洒48%毒死蜱乳油1 300倍液或10%吡虫啉可湿性粉剂2 500倍液或5%锐劲特乳油1 000倍液。在2龄幼虫高峰期，喷洒Bt杀虫剂或桑毛虫多角体病毒，每毫升含15 000颗粒的悬浮液，每亩喷20L。

2. 野蚕蛾

（1）为害特点

野蚕蛾属鳞翅目，蚕蛾科昆虫。主要分布在华北、华南和华东等地区。被幼虫取食嫩叶成缺刻，仅留主脉，发生数量大时，树枝梢头嫩叶被食光。

（2）防治方法

结合整枝，刮掉枝干上越冬卵，注意摘除枝条上非越冬卵，压低虫口基数。在各代幼虫低龄群集在嫩梢或梢头为害时捕杀幼虫。注意摘除叶背或分杈处的茧。必要时可结合防治构树上的其他害虫喷洒90%晶体敌百虫1 200倍液或25%爱卞士乳油1 500倍液或48%毒死蜱（乐斯本）乳油1 300倍液。

3. 桑天牛

（1）为害特点

桑天牛，又名粒肩天牛，属鞘翅目，天牛科昆虫。分布广，食性杂，为害构树的枝干。成虫啃食嫩枝皮层，幼虫钻蛀枝干及根部木质部：使枝干局部或全干枯死，破坏树冠导致减产，严重者整株死亡。

在北方地区2～3年完成1代，以幼虫在树干内越冬。

（2）防治方法

查看树干，捕杀成虫，消灭在产卵之前。及时清除受害小枝干，以免幼虫长大后转入大枝干或主干为害。在主干为害的幼虫，当新排粪孔出现时是捕杀的良好时机，可用钢丝钩钩杀或刺杀幼虫。在主干发现新排粪孔时，可用50%敌敌畏液注入新排粪孔内，并用黏土封闭从下数起的连续数个排粪孔。成虫发生期结合防治其他害虫，喷洒触破式微胶囊水剂200～400倍液。在7—8月间成虫羽化盛期，用棉竹签蘸甲胺磷乳剂涂抹产卵痕以杀死卵或刚孵化的幼虫，或用医用注射器于蛀食道注入药物。

4. 蔗扁蛾

（1）为害特点

蔗扁蛾，又名香蕉蛾，鳞翅目，辉蛾科。蔗扁蛾是一种突发性检疫害虫，分布广泛，杂食性强。主要以幼虫蛀食寄主植物的皮层、茎秆，咬食新根，使植物逐渐衰弱、枯萎，甚至死亡。蔗扁蛾从已老化的茎皮部入侵，可见直径1.5～2mm的蛀孔，随后继续向内或韧皮部蛀食。排出的虫粪及蛀屑堆积于茎皮内，幼虫蛀食皮层，形成不规则隧道或连成一片，剥离树皮后可见棕色或深棕色颗粒状虫粪及蛀屑的混合物。当茎的输导组织被渐渐蛀食而丧失其功能，幼虫则继续蛀食周围，最终导致植株叶片萎蔫，褪绿，停止生长，直至整株死亡。幼虫也蛀食根部。

（2）防治方法

加强植物检疫，一旦发现虫株，应及时进行隔离和灭虫，对受害严重的植株应进行销毁，切断传播途径。植株生长过程中，发现幼虫为害，可剥掉植株受害表皮，挑出幼虫，并将虫粪、虫卵清理干净。灭除成虫可根据夏季成虫夜出性，用灭虫器驱杀。根据蔗扁蛾幼虫入土越冬习性，可用90%敌百虫晶体配成1∶200倍毒土，均匀撒在土壤表面，以杀死潜土幼虫。用40%氧化乐果乳油1 000倍液或90%敌百虫800倍液喷洒，每周1次，连续3次。

5. 小木蠹蛾

（1）为害特点

鳞翅目，木蠹蛾科。分布在华北、西北、华东和华中等地区，杂食性强。幼虫蛀食花木枝干木质部，幼虫沿髓部向上蛀食，枝上有数个排粪孔，有大量的长椭圆形粪便排出，受害枝上部变黄枯萎，遇风易折断。在华北地区多数2年1代，少数1年1代，均以幼虫越冬。

（2）防治方法

维持适当的郁闭度，郁闭度0.7以上的林分受害程度明显小于郁闭度小的林分。在羽化高峰期可人工捕捉成虫，或于小木蠹蛾在土内化蛹期进行。

6. 二斑叶螨

（1）为害特点

蜱螨目，叶螨科。二斑叶螨主要以幼螨、若螨、成螨群集在构树的叶背取食和繁殖。叶片受害初期，首先在叶主脉两侧出现许多细小失绿的斑点，随后锈色麻点，麻点连成片，出现锈色枯斑，随着危害程度的加重，叶脉枯竭，叶片失绿变黄脱落。

（2）防治方法

早防，即早春雌成螨蛰出时地面毒杀；采用新型靶标位点杀螨剂，以防叶螨滋生抗药性；实施内吸型和触杀型杀螨剂混合防控。使用的药剂有50%硫黄悬浮液、丁醚脲、丁氟螨酯等。喷药时重点针对树干下部叶片和叶片背面。

第六节　材饲兼用型构树林分检测

一、检测的意义

构树林分的检测是林分调查的重要内容。大面积的构树用材林，必须随时掌握生长动态，以便采取相应的促控措施，还可以为修剪、间伐及主伐提供实际数据。据此也可以摸清林木的周年生长趋势，如生长期中各月的树高及胸径生长量，开始生长时期和停止生长时期，林木周年生长量或木材蓄积量等调查因子。这些调查因子若临时性抽样调查，由于缺乏基础数据而无可比性，没有实际意义。因此设立检测点，在林分中设置永久性标准地，每隔一定时限（月、季、周年等）测定一次林木的有关调查因子，可以得到一些有实际意义的调查数据。

二、检测点的设立

标准地也称林分检测点，其设立需具备两个条件。

1. 检测点必须有代表性

所设检测点的林木，必须具有自然条件的一致性，同时必须能够代表一片林子（一个小班）的生长量及各种生长因子。检测点设立不当会对检测结果造成一定的误差，影响其代表性。

一般1hm^{2}以下应建立1个检测点；10hm^{2}左右的林地最少应有3个检测点；100hm^{2}左右的林地应具有10个检测点。生长不整齐的林地，检测点还可以多设。

2. 检测点必须有固定性

检测点一般在生长一年的林分中设立。一年以后，林木的成活情况较稳定，设点检测可以作为数据齐全的样点树。对样点树要用漆标记，并建立档案记载每株树的编号，以便于各次的测量记载。

三、检测方法

活立木的检测分为胸径测量和树高测量。

1. 胸径测量

活立木测量胸径的部位应在干基以上1.3m处，由于此部位的直径相当于人的胸部高度，故称胸高直径，简称胸径。测量胸径经常用的工具有轮尺或围尺，一般胸径较小的幼树使用游标卡尺测量，胸径较大的立木使用围尺测量。围尺可以将周长转换直径刻度，不仅使用方便，而且较准确，围尺分为皮围尺和钢围尺，多使用钢围尺（图5-4）。

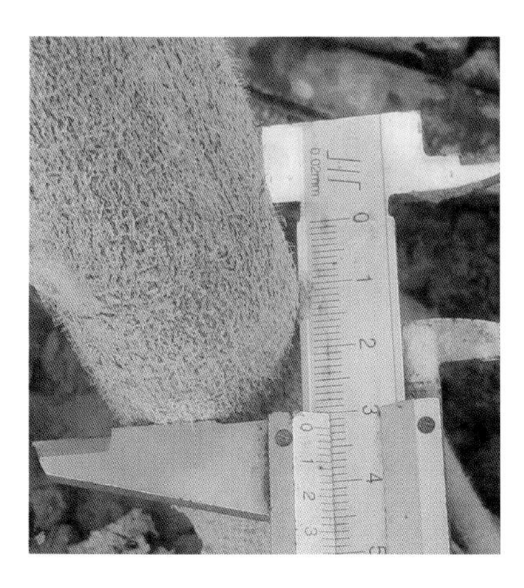

图5-4　使用游标卡尺和围尺测量构树胸径

2. 树高测量

测量树高常用的工具有：测尺、测杆和测高器。

林木不高一般使用测尺或塔尺测量，对于较高大的林木必须使用测高器。测高器的种类较多，有光学测树仪、望远测树仪及林分速测镜等（图5-5）。

图5-5　使用塔尺测量构树树高

3. 林木材积的计算

林木材积的计算有几种方式，其中形数法、查表法比较简便实用，可以根据具体情况进行选择。

（1）查表法

查表法适用于树干削度小林分的材积计算。主要用材树种都有现成林木材积表，通过测得树木干基的数值，查表即可获得该树木的材积。由于构树还没有现成的材积表，可参考杨树等树种的一元或二元材积表，匡算构树木材的材积。

（2）形数法

当活立木的高度和胸径都相等时，其材积可能不等，这是由于树干形状有饱满和尖削之分，对于削度较大的林分，为准确计算立木材积，可采用李贤超等研究的实验形数法计算材积，计算公式为：$V=g^{1.3}\cdot(H+3)\cdot fa$。

式中：$g^{1.3}$为胸高断面积，为$\left(\frac{\pi}{4}\right)d^2=0.785\,4d^2$；

H为树高；

fa为实验形数。

例：某构树树高为20.6m，胸径为30.5cm，相应断面积为0.073 06m^2。

由公式：$V=0.073\,06\times(20.6+3)\times0.40=0.689\,6m^3$。

实验形数fa可由主要乔木树种平均实验形数表中查得，其变动范围在0.38～0.46，其中阔叶树的实验形数为0.40。

第六章

材饲兼用型构树的采伐与更新

第一节　采伐期的确定

一、伐期分析

速生林木生长分为幼苗期、速生期、成熟期和衰老期四个阶段，不同的阶段生长速度不同，呈现出中早期树木生长逐年加快，中晚期树木生长速逐年减慢的趋势，这种由慢到快和由快到慢形成的转折点（拐点）就是最适宜的采伐期。采伐过早，木材应有的增益没有得到充分体现；采伐过晚，摊薄了单位土地面积木材的年收益；适时采伐才能获得最大的收益。

理论上确定采伐期主要有静态分析和动态分析两种方法。动态分析是对一定时间内的各年材积以及材积平均值进行测算，所得的数值分别标注在二维（年份和材积）坐标图上，有关数值依次相连即成材积连年增值和材积平均增长两条曲线，当材积的连年生长向下与材积平均曲线相交时，即为适宜的采伐期。

静态分析是结合动态分析和生产实际，以树龄大小为主要指标来确定适宜的采伐期，具有简便、直观和实用的特点。速生用材林的采伐年限为5～7年或更长一段时间，但是经营时间过长而期间没有收益来源，在生产上难以推广和应用。用材林经营应突出速生树种特性，突出体现树种间比较优势，同时在土地成本、套种作物、间伐收益等多方面统筹兼顾，才能发挥速生林的核心价值，确保速生林的可持续性经营。

二、伐期调查测算

伐期调查多以林木检测点作为固定样本，每年生长停止后对其进行测量，将胸径、树高等实际数值做调查记录，据此进行求算，确定林木的数量成熟龄。可采用以下方法计算。

1. 一元材积法

将每年实测的样本进行径价区划，由地方编制的主要树种一元材积表求算林木的蓄积量。根据林木的数量成熟龄的定义（即林木材积平均生长和连年生长相等时），计算每年的材积ΣV_j除以造林年限N的数值，当$\Sigma V_j/N$值达到最大开始下降时，年限N即为合理的数量成熟龄。

2. $\Sigma D_j^2/N$法

ΣD_j^2表示所有被测树木胸径平方和，N表示造林年限。由于当树龄达到一定年限后，形数$f_{1.3}$，树高H随年龄增大变化不大，即形数$f_{1.3}$，树高H对立木材积V的影响不大。因此计算出$\Sigma D_j^2/N$的变化曲线规律，基本上也能反映$\Sigma D_j^2/N$变化曲线规律。由此也能确定出较合理的数量成熟龄。

3. $\Sigma D_j^2h/N$法

由于用$\Sigma D_j^2/N$法，忽略了树高H的生长变化规律，为了更精确地反映检测样本所有株数，蓄积量生长的变化规律，用$\Sigma D_j^2h/N$的变化曲线规律能更准确地反映$\Sigma V_j/N$变化曲线规律，忽略形数f对立木材积V的影响，由此确定的数量成熟龄更趋于合理。

4. 二元公式计算法

根据二元材积公式：$V=5.028\ 364\times 10^{-5}D^{1.884\ 364}$计算出所有检测树木的单株材积，然后根据$\Sigma V_j/N$的变化曲线规律，确定的数量成熟龄。这种算法精度更高。

以上确定林木数量成熟龄的计算方法，应结合实际情况选择运用。

林木的数量成熟龄确定后，还应结合提供目的树种材积最多的工艺成熟龄；提供市场木材价格高，经济效益大的经济成熟龄，综合考虑确定更合理的采伐时期。

三、采伐季节

采伐期一般在树木的休眠期进行，这时树木叶片已经脱落，叶内的营养物质已回流到树体当中，树木充实饱满，而且林内视野开阔，林下杂草干枯倒伏，林地上冻硬实，为采伐工作提供了便利条件。进入休眠期的树木已经完成了一年的生长量，保证了树木收益的最大化，同时4个月左右的休眠期也为采伐留出了足够的时间。

休眠期采伐后还便于清理场地，打扫枯枝落叶，清除病虫来源。采伐后的根桩营养积累丰富，翌春容易萌芽，且萌芽力强，整个生长过程与物候期和植物生长的节律吻合，符合人们种植苗木和建园的习惯，为新一轮的林木恢复创造了良好的条件。

第二节　更新方法

一、留桩更新

构树林成熟采伐后，根桩还留在地里，如果继续进行构树用材林的经营，不必将根桩全部挖出重新植树造林，可充分利用构树根桩易于萌发特性，在原有根桩的基础上，促发新生枝条，开始新一轮的构树用材林的营建。

构树采伐一般选在休眠期进行，以贴地采伐为宜。构树地上部分虽经伐除，但地下部分（根桩）形成的庞大的根系仍然健在，营养积累充分，吸收肥水的能力强劲。随着季节的回暖，根桩的不定芽或潜伏芽能快速长出来，枝条生长旺盛，呈现丛生状，待枝条长到70cm、80cm时，选取1个生长健壮、直立性强的枝条作未来的主干，其余的枝条除去，也可选留2～3个枝条，一个做未来的主干，其余的做预备枝或辅养枝，分次除去。最后围绕根桩进行培土，培土高度不低于30cm。培土的作用一是有利于主干的垂直生长，防止倒伏和与根桩分离，二是埋土部分的枝条可以诱发大量新生根系，三是抑制根桩萌发更多的新生枝条，避免其对主干生长产生干扰。

留桩更新的第二轮用材林由于有原有根系的支撑，其生长速度和生长量会明显快于同期新栽苗木，也快于第一轮生长的苗木。实施留桩更新，可以极大缩短采伐时间，降低抚育成本，提高生产力，提升产投比。欧美国家将留桩更新能力作为选择用材林栽培品种的一条重要的标准。

国内最主要的速生树种杨树和桉树均在不同程度上应用留桩更新，充分发挥留桩更新的重要作用，杨树留桩更新的应用范围不及桉树，主要是杨树留桩更新的宣传和示范的力度欠缺所致。构树是根繁的植物，且萌芽力强，具有超强的留桩更新能力，在这方面可与桉树和杨树相媲美。

二、迹地先改良后更新

经过几轮采伐后，构树根桩的萌芽力减弱，树木生长会逐渐衰退，树高生长受限，根桩的利用价值降低；迹地残存的老根抗病虫的能力减退，病虫为害严重，病虫根源难以完全清除；由于单一树种的连年栽植，土壤内的营养元素失衡，生长条件恶化；林地萌生的小苗争夺土壤水分和养分激烈，对未来更新的苗木生长将会构成严重干扰，此时应停止根桩更新，待土壤治理和改良后，再重新植树造林。土壤地力恢复和改良主要的措施如下。

1. 休耕、轮作和倒茬

休耕、轮作和倒茬期间，树木采伐1～2年内，不再种植构树，改种其他一年生作物或其他植物。作物以豆科植物为好，豆科植物在土壤中形成的根瘤菌具有固氮的作用，可提高土壤中氮素含量，同时也可将作物翻绿入土（压青），增加土壤的有机质，改善土壤团粒结构和理化性质。

2. 深翻土地

使用机械进行深翻，改良土壤理化性质，促使土壤熟化，增加耕作层的疏松性。有条件的地区，可增施有机肥，结合深翻埋入土中，提高土壤肥力。

3. 平地清根

挖出老根病根残根，平整树坑，必要时用生石灰进行消毒；清理地表枯枝落叶并集中处理，减少病虫污染源。

第七章

材饲兼用型构树的枝干利用

第一节　干材利用

构树在自然界多呈散生分布，干形不直，分枝点低，木材的利用价值不大，有关构树木材的材性分析和加工利用方面的研究较少。随着材饲兼用型构树新品种的出现，木材的商品属性得到极大提升，并且集约化、规模化经营的条件日臻成熟，为其加工利用奠定了物质基础。了解和开展构树木材材性分析方面的研究势在必行，将为材饲兼用型构树新品种的加工利用提供科学的依据。

一、干材的材性分析

1. 刨花板用材的材性分析

福建农林大学江雪平利用构树木材进行均质刨花板的研制，研究构树木材的化学成分及刨花纤维形态、改善UF的固化原理，各主要工艺参数对板材性能的影响，并做板材性能试验及机理探讨，为该产品的生产提供理论依据。压制的构树均质刨花板的物理力学性能：静曲强度17.2Mpa，弹性模量2 465Mpa，吸水厚度膨胀率8.0%，内结合强度1.24Mpa，不仅达到刨花板国家标准，而且各项性能优于普通刨花板。

2. 胶合板用材的材性分析

从理论上讲，几乎任何树种，只要经过适当的工艺都可用来作胶合板。但在实际生产中都是选用一定径级大小、适当力学性质、结构细致均匀、硬度适中、旋刨容易、翘曲开裂小、早晚材区别不明显、胶黏性质优良的树种来生产胶合板。

（1）普通构树的分析结果

贵州大学王晖在马尾松次生林中选取野生构树，对其进行木材解剖性质、纤维特性、木材物理力学性质等项研究，结果表明：导管比量与木材年龄呈正相关关系，随着年龄的增长，导管在木材中所占的比例越来越高，树木自身的输导能力越来越强。构树生长年轮一般为1.06～2.84cm，到第5年达到最大值后再向外逐渐减少。构树木材纹理斜；结构中，略均匀；木材气干密度0.491 8g/cm^3，基本密度0.458 8g/cm^3，体积干缩率5.66%，顺纹抗压强度平均32.2Mpa，抗弯弹性模量平均5 992.74Mpa，抗弯强度平均70.38Mpa；易干燥，但易翘曲；钉钉时不劈裂。

（2）材饲兼用型构树的分析结果

中国林科院木材所对材饲兼用型构树胶合板力学性能的检测结果及结论如下。

表7-1　胶合板力学性能检测结果（一）

编号	密度	最大力/N	静曲强度/MPA	弹性模量/MPA
1	0.54	194.5	84.5	8 466
2	0.55	257.7	115.0	10 292.9
3	0.52	154.6	69.4	7 834.7

从表7-1中可以看到，按照GB/T 9846—2015标准要求静曲强度顺纹达到32.0MPA合格，弹性模量顺纹达到5 500MPA合格，所供样品合格。

表7-2　胶合板力学性能检测结果（二）

编号	最大力/N	胶合强度/MPA	木破率
1	831	1.445	表板割裂
2	730.7	1.271	表板割裂
3	903.4	1.445	表板割裂

从表7-2中可以看到，按照GB/T 9846—2015标准要求Ⅱ类胶合板达到0.7MPA合格，所供样品合格。

3. 造纸用材的材性分析

（1）化学性质

纤维素含量56.87%，木素含量18.25%，戊聚糖含量19.37%，综纤维素含量90.91%，冷水抽提物含量8.68%，1%NaOH抽提物含量20.97%，苯醇抽提物含量8.05%。

（2）木材纤维特性

构树纤维长度一般为734.5～994.5μm，平均为829.98μm。构树纤维宽度平均为

14.16μm。纤维长宽比大于33。纤维腔径比平均为0.83，纤维壁腔比平均为0.11。

二、干材的加工利用

通过对构树不同使用目的的材性分析，旨在为构树木材的利用提供可靠的理论依据。材饲兼用型构树作为优新品种，是一种优良的工业用材林树种，具有更为广泛的用途和开发价值。其木材利用方面表现在，一是作为板材原材料，如胶合板、纤维板、刨花板、细木工板和重组木等；二是作为纸浆材原材料，用木浆代替草浆，可以提高纸张质量，并减少环境污染；三是作为包装原材料、生活用材、民用建筑及轻工业用材。

三、木材收益的测算

1. 不同年份构树的生长情况

构树为多年生树种，不同年份的生长量不同，呈现出阶段性的生长规律，了解和掌握其中的规律性是确定木材采伐期和测算木材收益的基础。由于兼用型构树暂时还没有5年及5年以上有关生长量方面试验数据，这里参照张鹏对7年生构树造林的研究成果以及王珲对多年生构树生长的调查结果，探索构树生长的一般规律，并以此为基准推测采伐周期内兼用型构树未知年份的生长情况，以及推算某一时段的生物量。

张鹏的构树造林试验结果表明，构树生长可以划分为3个阶段，1～2年为生长初期，生长相对较慢；在3～6年阶段，生长速度加快；6～7年，生长趋于平缓。根据其树皮纤维3～5年时质量最优，且采伐后根桩能快速萌发新枝，短期内能连续收获的特点，确定3～5年为构树短周期培养年限，此时采伐利用可获取较高的年收益。

王晖的构树生长的调查结果表明，构树的生长年轮（y）与树龄（x）存在一定的相关性，用多项式表示为：$y=3.2082-3.8162x+2.1856x^2-0.4785x^3+0.487x^4-0.0023x^5+4E-05x^6$（$x\leqslant17, R^2=0.8878$）。构树年轮由髓心向外迅速增加，到第5年达到最大值后向外逐渐减小。

综合来看，不同学者对构树在5年内每年的生长速度都在加快，第5年生长速度达到高峰是肯定的，因而下面对兼用型构树木材收益测算以前2年的实测数据为依据推算后3年的未知数据是留有余量的，为的是确保木材的实际收益大于理论收益。

2. 以不同单位计算木材收益

（1）以每亩为单位计算木材收益

设定每亩种植构树110株（2m×3m），5年为一个轮伐期，年均胸径生长4～5cm为基础，测算每亩的木材收益。木材收益由主伐（皆伐）和间伐两部分收益构成，主伐按每年生产2.0m³的木材，木材价格为750元/m³计算，每年每亩主伐的木材收益为1 500元，5年主伐的木材收益是7 500元；第3年年底间伐，3年的木材收益是4 500元，5年的木材总收益为12 000元，平均每年每亩的收益是2 400元。

（2）以单株为单位计算木材收益

设定以6年生25cm的单株为例，参照目前北方木材就地交易的木材价格，测算单株立木的6年的木材收益。单株立木伐倒后，按长度锯段，各段粗度不同，木材价格不同。其中检尺径20～24cm，木材价格为750元/m^3；检尺径15～18cm，木材价格为600元/m^3；检尺径6～12cm，木材价格为400元/m^3；检尺径6cm以下及梢头、侧枝以大材出售，木材价格为300元/t，在此忽略不计。根据表7-3，计算出的6年生的单株立木的木材价格是142.5元。

表7-3　6年生构树的单株材积和价格估算

检尺径cm	段长及段数	各径段材积	每径段价格（元）
20～24cm	2.5m　1段	0.11	82.5
15～18cm	2.5m　1段	0.06	36.0
6～12cm	2.5m　2段	0.06	24.0
合计	7.5m	0.23	142.5

上述提及的木材收益是指在纯林经营模式下的木材收益，不包括间作等其他收益。在林木生产经营中，投入和产出是林地是否具有投资价值的最重要的考量，只有产投比合适，比较优势明显，林木生产才具有可行性，才能获得应有的收益。林木的经营模式决定早期收益和晚期收益的分配，经营密度决定林木的蓄积量和木材径级大小，轮伐期决定林木的生产周期和最终的回报。一般来讲，林木生产周期长，见效慢，收益低，不属于暴利行业，但是木材是可再生的、稀缺的自然资源，也是现代生活的刚需，木材价格多年稳定，且近年来可供采伐的资源减少，木材价格有上升的趋势。为了争取林地收益的最大化，需要从实际出发，因地制宜因树施策，对林木生产各个要素做出合理的安排和规划，提高林木产品的附加值，延伸林木产品的产业链。

第二节　侧枝利用

一、侧枝的主要饲用成分

构树饲喂实验表明，畜禽取食构树饲料后，其肉蛋奶品质会发生明显的改观，如猪肉的肌间脂肪增加，呈现出更多的大理石花纹，猪肉的口感和风味也得到提升。这些微妙的变化与构树内含物的成分及其独特作用是分不开的。了解这些成分和作用机理，对实施构树种养一体化开发、打造从田间地头到百姓餐桌全产业链有着十分重要的意义。

这里引用灌木型构树枝叶在饲用方面的研究成果，旨在为构树侧枝的饲料化利用提供借鉴，使构树侧枝的利用更加科学、合乎规范、少走弯路。

1. 蛋白质和矿物质

构树蛋白质和其他营养物质的含量随取样部位不同会有很大的差异，检测样品的取样应与生产上枝条利用的部位应保持一致，否则检测结果没有任何实际意义。根据多地多家的检测报告，构树叶片蛋白含量在24%左右，上下波动不大，基本保持稳定，但全株蛋白含量波动明显，幅度之大超出想象。在构树正常生长和适时刈割的条件下，全株蛋白含量一般为13%～19%。但是如果构树刈割不合适，构树全株的蛋白含量甚至会低于10%。

（1）同一地块不同茬次的营养成分的检测结果

构树新鲜枝叶样品由河南省兰考县畜牧局送检，河南海瑞正检测技术有限公司检测，以下表格由原始数据整理而成（表7-4和表7-5）。

表7-4　构树新鲜枝叶（第一茬）刈割的抽样检测结果（%）

序号	检测项目	检测结果（1）	检测结果（2）	检测结果（3）	平均值
1	粗蛋白（CP）	17.30	18.00	17.50	17.60
2	粗脂肪（EE）	4.20	4.10	4.20	4.20
3	水分（鲜样）	81.00	80.60	80.00	80.50
4	酸性洗涤纤维（ADF）	34.50	33.60	33.20	33.70
5	中性洗涤纤维（NDF）	43.70	40.80	47.00	43.80
6	水分	3.90	2.80	2.60	3.10
7	钙（Ca）	1.78	1.76	1.62	1.72
8	总磷（P）	0.26	0.26	0.26	0.26
9	粗灰分（CA）	11.60	11.70	11.70	11.70

表7-5　构树新鲜枝叶（第二茬）刈割的抽样检测结果（%）

序号	检测项目	检测结果（1）	检测结果（2）	检测结果（3）	平均值
1	粗蛋白（CP）	15.20	13.40	13.80	14.10
2	粗脂肪（EE）	3.00	3.70	3.20	3.30

（续表）

序号	检测项目	检测结果（1）	检测结果（2）	检测结果（3）	平均值
3	水分（鲜样）	75.60	75.80	75.00	75.40
4	酸性洗涤纤维	37.90	38.90	38.80	38.50
5	中性洗涤纤维	48.60	48.00	45.40	47.30
6	水分	2.20	3.20	8.90	4.76
7	钙（Ca）	1.81	1.60	1.60	1.67
8	总磷（P）	0.25	0.24	0.23	0.24
9	粗灰分（CA）	13.20	11.20	10.80	11.70

从表7-4和表7-5中可以看到，第1茬刈割的新鲜构树枝叶的粗蛋白、粗脂肪、磷、钙含量高于第2茬，其中粗蛋白的差值为3.5%，说明同一地块的构树分次采收，其营养成分存在较大差异，究其原因可能是经过秋冬季枝叶营养回流，根桩积累和贮存了大量的营养，因而翌春萌发出的枝叶具有较高的营养成分。由于树体或根桩的营养状态和刈割枝叶的营养成分具有显著的相关性，可以进一步对每茬产品的营养成分进行排序并做出的合理推断。根据兰考的气候条件，构树一年可刈割3～4茬，第1茬营养成分最高，第2～3茬次之，第4茬最低。

季节变换也可为构树枝叶营养成分丰富与否提供判断的依据。一年当中，树木的休眠期营养积累大于生长期的营养积累；生长期内不同季节的营养积累也不同，夏季的营养积累大于秋季的营养积累，具体到每个季节树体或根桩营养积累由高到低的顺序依次为：秋冬季—春季—夏季，对应的构树刈割季节，枝叶的营养成分排序依次为：春季—夏季—秋季。

（2）同一地块构树新鲜枝叶与青贮饲料的营养成分检测

构树青贮样品由河南省兰考县畜牧局送检，河南海瑞正检测技术有限公司检测，以下表格由原始数据整理而成（表7-6）。

表7-6　青贮构树同一批次的抽样检测结果（%）

序号	检测项目	检测结果（1）	检测结果（2）	检测结果（3）	平均值
1	粗蛋白（CP）	13.00	12.60	13.30	12.90
2	粗脂肪（EE）	4.20	4.00	3.60	3.90
3	水分（鲜样）	75.20	78.40	75.40	76.30
4	酸性洗涤纤维（NDF）	39.20	39.00	37.20	38.40

（续表）

序号	检测项目	检测结果（1）	检测结果（2）	检测结果（3）	平均值
5	中性洗涤纤维（ADF）	49.00	51.40	49.60	50.00
6	水分	3.40	5.00	3.60	4.00
7	钙（Ca）	1.66	1.70	1.66	1.67
8	总磷（P）	0.22	0.22	0.21	0.22
9	粗灰分	10.00	10.30	10.40	10.20

表7-6与表7-4、表7-5的对比表明，构树新鲜枝叶经过厌氧发酵形成的的青贮饲料，其粗蛋白、粗脂肪、磷、钙含量并未增加，这一结论与一些文献有些出入。据推测，除测试样品存在差异外，可能是文献提及的青贮饲料，为了调控发酵饲料的C/N比，在制作过程加入了含氮或其他元素有关。青贮饲料的优势在于，由于有益生菌的参与和作用，促进了乳酸菌的活性，增加了饲料的酒香味，提高了饲料的适口性，改善了动物肠道菌群，减少了消化系统疾病的发生；可以及时将刈割下来的枝叶进行处理和保存，青贮饲料是目前构树饲料的主要或中间利用形态。

（3）不同地区构树营养成分的检测结果

以下数据由安徽农业大学等单位提供（表7-7）。

表7-7　不同地区不同饲料形式营养成分的检测结果

序号	检测项目	湘潭			安徽
		新鲜	发酵1	发酵2	新鲜
1	干物质（DM）	22.00%	36.22%	50.86%	28.60%
2	总能（GE）MJ/kg	17.75	17.39	16.22	17.19
3	粗蛋白（CP）	13.20%	12.86%	10.28%	8.40%
4	粗脂肪（CF）	3.59%	1.87%	4.10%	—
5	粗纤维（EE）	22.61%	23.80%	15.05%	26.32%
6	粗灰分（CA）	6.10%	8.12%	12.19%	5.92%
7	中性洗涤纤维（NDF）	43.99%	43.88%	39.92%	39.14%
8	钙（Ca）	1.03%	1.68%	1.20%	0.93%
9	磷（P）	0.24%	0.19%	0.24%	0.23%

从表7-7中可以看出，不同地区构树粗蛋白含量并不高，远低于许多文献提供的数据，主要原因可能与构树刈割的时间、枝条发育程度、枝条的茎叶比等因素有关；不同地

区间构树蛋白含量相差较大，为8.40%～13.20%，而玉米的蛋白含量是8.5%，麦麸的蛋白含量是14%，且含量稳定。进而说明，构树饲料品质受多种因素影响较大，如果构树收割不当会造成构树饲料品质严重下降，仅因构树蛋白含量高而具饲用开发价值的说法站不住脚；新鲜枝叶的总能高于发酵饲料，说明构树从新鲜枝叶到发酵的过程是能量降低的过程，畜禽必须多采食，才能满足生长所需要的能量。

（4）不同刈割高度全株构树营养成分含量

以下数据来自天水市畜牧技术推广站的检测结果（表7-8）。

表7-8　不同刈割高度全株构树营养成分含量（%）

序号	检测项目	不同刈割高度		
		1m	1.5m	2m
1	水分	85.40	83.60	83.20
2	粗蛋白（CP）	23.00	20.50	15.86
3	粗灰分（CA）	11.80	11.80	11.80
4	粗脂肪（EE）	5.84	5.80	6.05
5	粗纤维（CF）	7.60	15.40	20.10
6	中性洗涤纤维（NDF）	14.30	26.50	28.40
7	酸性洗涤纤维（ADF）	7.90	18.80	19.80
8	钙（Ca）	2.00	2.00	1.90
9	磷（P）	0.43	0.42	0.36

从表7-8中可以看出，随着刈割高度的增加，大多数检测项目的指标都发生明显变化，其中粗蛋白、钙、磷的含量有逐渐降低的趋势。采收不及时都会对枝条的营养价值造成较大影响。通过多年的实践验证，株高1.2～1.5m刈割较为合适，该高度刈割能够较好地兼顾生物量与蛋白含量的关系，平衡刈割枝条数量与质量的关系。

2. 药用化学成分

构树含有黄酮类、生物碱、萜类等多种药用成分。其中黄酮类化合物是一类植物次生代谢产物，广泛存在于多种植物中，是许多中草药的有效成分。目前从构树中分离出70种以上的黄酮类化合物，如构酮、构酮醇等，具有抗氧化或抗发炎的功效；生物碱是一种含氮有机化合物，有显著的生物活性，是中草药中重要的有效成分之一。已分离出的构树碱、构树宁碱等具有抗病毒抗肿瘤的功效；萜类在自然界中广泛存在，是中草药中一类比较重要的化合物，也是一类重要的天然香料，是食品工业不可缺少的原料。因此，构树饲料对畜禽养殖具有无病防病和有病治病的作用，减少了对抗生素的依赖，为少抗或无抗养殖提供了一条重要的解决方案。

印遇龙院士认为，可以通过饲料调控生猪免疫状态来保护易感动物，防控非洲猪瘟。已有研究表明，精氨酸等多种功能性氨基酸具有激活肠道天然免疫反应而预防仔猪ETEC感染的功能效应；天然植物提取物激活相关非特异免疫因子，对畜禽养殖可起到提高免疫、抗菌防病、抗病毒等作用。

3. 对构树蛋白质及其他内含物作用的思考

构树是一种富含高蛋白的木本饲料树种，但在使用构树作饲料时，经常会遇到一些表述与实际情况不符或存有争议的问题，这里将这些问题摆出来并给予一定的澄清。尽管问题的提出和解答属一家之言，受学识的限制，所作的分析与判断未必到位和准确，但目的是深入地了解构树饲料的本质，更好地发挥构树饲料的作用。

（1）立足于构树成分的本身作用

基于构树本身的某种、某些成分及其作用，而使得饲喂对象品质发生相应的改变，应视为构树成分的本身作用，而一些以构树为载体添加的额外成分，尽管对构树的饲喂对象的品质有积极的效果，但客观上应视为构树的非本身作用，区分构树成分的本身作用和非本身的作用十分必要。如个别报道称构树饲喂生猪，猪肉的硒元素提高了若干，其实硒元素的增加是来自构树生长的富硒土壤或施入了含硒元素肥料的结果，与构树本身并没有直接关系，属构树成分非本身的作用。类似的还有构树饲料中加入ω-3，道理也是一样。即使有证据表明，添加的非构树成分具有激活构树成分的作用，也只能将其看成构树成分发挥作用的催化剂，起到的是间接作用。

构树饲料有多种利用形式，其中发酵饲料属于生物饲料，对畜禽的肠道健康和消化有较好的功效，但如果把构树换成其他树种同样具有这种效果，就不应将该功效归功于构树的独特作用，只不过是饲料的利用形式不同而已，不同的利用形式导致了不同的结果。进一步讲，生猪喂养的成品饲料可以直接喂猪，也可以再经过发酵制成生物饲料，且喂养的效果也不差，但对于养殖户来讲，可能会更多地选择成品饲料，而不会在意其是否发酵，二次加工的饲料会更好，毕竟产投比和经济实用是大多数人的第一选择。

（2）客观看待构树蛋白质的作用

首先，蛋白饲料是指蛋白含量超过20%的饲料，就目前单纯使用构树枝叶生产出的饲料很难达到这个标准，严格地说不能称之为构树蛋白饲料，因为在构树饲料配方中，蛋白质除来自构树外，更多的还是来自其他草本植物（大豆和苜蓿）。如在一些较为严谨的构树饲喂试验中，生猪的干粉添加在10%左右，肉鸡的干粉添加在5%以内，而豆粕的添加却在20%以上，且其中的蛋白含量高达40%以上，这些试验数据清楚地表明构树干粉在构树饲料配方中的添加量十分有限，利用其中的蛋白质更加有限，与其他植物蛋白源的用量根本不在一个等级上。

其次，构树蛋白饲料的生产、加工以及标准化的难度和成本明显高于其他蛋白含量较高的草本植物，如果种植构树仅是为了获取蛋白质，或构树的主要利用价值仅在于蛋白质，构树在农林业生产上将难以立足；与其他蛋白源植物相比，构树获取蛋白质的方式是不经济的。构树蛋白的数量和质量优势必具其一，构树蛋白饲料才具竞争优势。

最后，蛋白饲料的价格主要是按照饲料所含蛋白质的含量进行定价的。据对天津口岸进口苜蓿的调查，18%～24%的苜蓿（干草压缩）所对应的价格是1 700～2 200元/t。如果仅以构树蛋白含量作为构树饲料定价的唯一指标，确定出的构树饲料价格，大多数生产企业将难以接受。

（3）充分认知构树不同内含物的作用

饲料是在已有条件下提高畜禽肉蛋奶品质的一种重要手段。近年来采用构树进行养殖是一项有益的尝试，并获得了一些可喜的进展。一致的看法和结论是：构树养殖能够提升畜禽蛋的品质，提高动物的免疫力，是实现少抗或无抗养殖的一种重要的途径。我们认为，这一结论成立是构树饲料化利用的价值所在，也是搞好构树饲料化利用的信心所在。构树作为木本饲料的代表树种，其体内的蛋白质和其他多种内含物起到了至关重要的作用，但是在构树多种营养成分的构成中，不同营养成分的权重不同，所起的作用也不同，进一步了解不同营养成分的作用及其大小，对于充分利用构树的饲用价值有十分重要的现实意义。假设某些内含物或内含物的集合的作用更大，构树饲料化利用中出现的许多现象和结论更容易得到合理的解释。

对构树饲用价值的关注主要来自历史久远的构树喂养传统和畜禽取食构树后肉蛋奶品质发生明显改变的事实，尽管目前对构树一些成分及其作用机理并不完全清楚，甚至检测内容也未必涵盖所有起着重要作用的某些成分，但只要人们对构树饲用价值和饲喂效果是肯定的，即使对构树饲用更深层次的认识还十分有限，那么对构树产业的期待和饲料化利用的脚步就不会停止。可以相信，随着时间的推移，存在于构树产业进程中的各种疑云终将消散。

二、饲料的合理化利用

1. 饲料的形态和选择

以构树为原料，可用于生产干粉（粉料）、青贮饲料、颗粒饲料、混合饲料等多种形态的饲料。其中构树青贮饲料属于生物发酵饲料，易于消化系统的吸收和利用，目前应用最为广泛，但存在运距受限、装卸不便，坏包率高，饲料使用麻烦，如果用作猪饲料还需要2次加工、2次发酵等诸多因素。

干粉是畜禽养殖的主要饲料形态，在其加工制作过程中会因烘干、晒干和阴干等不同方法造成维生素、胡萝卜素和蛋白质等营养成分的损失，但损失率有限和可控，使用起来十分方便，广受养殖户和养殖企业的欢迎。利用兼用型构树生长过程产生的枝叶及其特性开发构树干粉有着十分重要的意义。具体表现在：一是兼用构树侧枝髓心大，时有中空，有效利用率高，容易干燥；二是先制干后粉碎，枝叶未破壁，没有白色乳汁或果胶等黏性物质渗出，可以减少物料结块、灰尘污染以及黄曲霉素的的发生率；三是看天气采集枝条，可以合理利用有利的天气状况，采集时间灵活。

伴随着兼用型构树的生长，整形修剪是一种常态化的栽培管理措施，通过整形修剪下来的枝条不仅可以保持林地的干净，而且可以将其变废为宝，作为饲料原料的稳定来源，增加构树经营的附加值。从某种意义上讲，枝条采集的过程也是收获的过程。此外，北方空气干燥，夏季高温都为枝条的自然调制创造了良好的条件，能够节省能量消耗，降低加工成本，从而增强了构树干粉在饲料市场的竞争力。

2. 兼用性构树干粉的制作

（1）侧枝的采集和晾晒

采集下来的枝条可放置在园内道路上、林内铺设的彩条布上，进行自然晾晒。枝叶晒干需要的时间不同，如果夏季天气晴好，叶片3天就可晒干，枝条需要7天以上才能晒干。枝条的树皮富含纤维，必须完全干燥，含水率低于10%时，才能上粉碎机进行粉碎，否则树皮难以处理，影响粉碎效果。判定干燥完全与否的标准是，取一个实心的枝条用力掰断，如果枝条一下就能掰断，表明枝条干燥程度已达到粉碎的要求，此时构树皮和木质部分已合为一体难以分离，如果枝条掰断时，常撕扯着树皮，表明干燥程度不够，还需要继续晾晒。

从构树树体上剪下的侧枝，上面的叶片很快萎蔫、卷曲，但叶片不易与枝条分离，构树皮纤维长的特性起到了重要作用，因此可以先剪下枝条，过几天后再将枝条收集起来。剪枝尽量选择在高燥天气进行。

（2）枝条粉碎和干粉制作

已得到充分干燥的物料，再经过饲料分碎机粉碎，可使物料粒径进一步细化。选择3mm的筛网，可一步到位生产出粒径适合生猪喂养的干粉，最后将干粉进行称量并装袋。

由于构树枝条和叶片干燥所用的时间不同，一般采取构树枝条和叶片分别粉碎（图7-1）。根据实际情况，可以分开使用，也可按枝叶比例混合使用。

  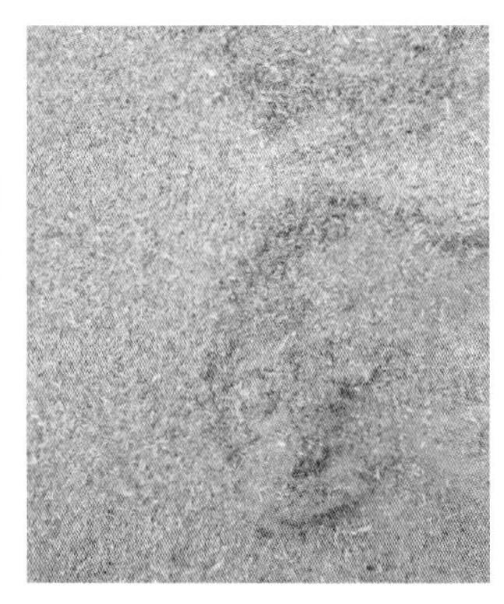

图7-1　构树枝叶的晾晒、粉碎及干粉产品

小型粉碎机必须用完全干透的侧枝进行粉碎，此时皮纤维与杆紧密粘连，长纤维粉碎彻底，基本看不到绒毛状的纤维，而大型粉碎机由于采用新鲜的侧枝，预处理时间短，皮纤维可以从杆上撕离，十分柔软却难以粉碎，因而上机粉碎后，常见绒毛状的纤维（图7-2）。

图7-2　大型干粉粉碎机的工作现场和干粉产品

（3）为了初步了解不同粗度枝条的枝叶比以及鲜料折成干料的比例，从兼用型构树的雄株上采集了部分侧枝，其称重及推算的结果如表7-9所示。

表7-9　侧枝的枝/叶比及干料/湿料比

测试内容	侧枝（剪口粗度0.8cm左右）				侧枝（剪口粗度1.5cm左右）			
	叶片（kg）	枝条（kg）	总重（kg）	枝/叶比	叶片（kg）	枝条（kg）	总重（kg）	枝/叶比
取样鲜重	4.44	2.26	6.70	0.51	3.32	5.44	8.76	1.63
取样干重	1.30	0.78	2.08	0.60	1.17	2.05	3.22	1.75
干/鲜比	1∶3.4	1∶2.9	1∶3.2		1∶2.8	1∶2.7	1∶2.7	

从表7-9中可以看到，不同粗度枝条的枝/叶比不同，较粗枝条的枝/叶比相对较大，说明枝条较粗，枝条重量占比较大，营养价值相对较低；同一粗度的枝条，鲜料的枝/叶比小于干料的枝/叶比，说明经过干燥后，枝条的失水率小于叶片的失水率；无论枝条粗度，枝叶的干/鲜比都在（1∶2.7～1∶3.4）范围，说明鲜料折成干料大致是1/3的关系，即每3份的鲜料可生产出1份的干料。这个比例高于报道的日本光叶楮1/4的折合率，意味着同等重量的构树鲜料，兼用型构树能够生产出更多的干粉。

（4）干粉的营养成分对比与分析

为了全面了解构树干粉的营养成分和利用价值，给构树干粉的应用提供理论依据，下面从构树不同器官和构树不同饲料形式两个层面进行分析。其分析的结果如表7-10和表7-11所示。

①叶粉与枝叶粉的营养成分对比。从表7-10和表7-11中可以看出，构树叶粉除总能和粗纤维外，其他的营养成分均高于枝叶粉，因此从总体上来讲，叶粉的营养成分高于枝叶营养成分。在涉及干粉生产的各个环节，一定要注意对叶片的保护和叶量的变化，否则会降低构树饲料的营养价值，如适当密植，增加单位面积叶片总量；及时采收，避免株与株的距离过密，造成叶片着生部位外移，内膛空虚；叶片采集过程，防止叶片脱落等。

表7-10　构树叶粉的营养成分含量

类别	总能 GE（MJ/kg）	粗蛋白质 CP（%）	粗脂肪 EE（%）	粗灰分 Ash（%）	钙 Ca（%）	磷 P（%）	粗纤维 CF（%）
湖南	16.95	26.47	1.86	19.57	2.76	0.59	11.89
湖北	16.91	17.78	2.98	17.82	3.43	0.40	13.23
河南	17.06	21.92	1.92	16.76	2.92	0.57	12.16
河北	17.07	24.17	1.58	16.33	2.79	0.61	16.35
安徽	16.28	20.32	2.84	19.07	3.24	0.49	14.64
四川	18.13	24.30	1.94	17.31	3.58	0.56	15.08
平均值	17.07	22.49	2.19	17.81	3.12	0.54	13.89
变异系数 CV（%）	3.50	13.94	26.37	7.20	11.11	14.61	12.66

表7-11 构树枝叶粉的营养成分含量

类别	总能 GE（MJ/kg）	粗蛋白质 CP（%）	粗脂肪 EE（%）	粗灰分 Ash（%）	钙 Ca（%）	磷 P（%）	粗纤维 CF（%）
广东1	17.94	17.89	1.73	13.13	1.56	0.42	21.25
广东2	18.35	17.28	1.28	13.96	1.66	0.39	27.24
广东3	18.76	15.80	1.32	14.23	1.52	0.29	26.87
平均值	18.35	16.99	1.44	13.77	1.58	0.37	25.12
变异系数 CV（%）	2.23	6.33	17.26	4.16	4.56	18.56	13.36

②枝叶干粉与发酵料营养成分的对比。构树发酵饲料现在是构树饲料的主要利用形式。曾经江浙一带常采用构树干粉饲喂生猪，且饲喂的效果也不错。为了比较和更加合理地利用不同形态的构树饲料，将两种饲料形态营养成分的数据加以整理并形成表7-12。

表7-12 构树枝叶干粉与发酵饲料营养成分的对比

检测项目	总能 GE/（MJ/kg）	粗蛋白质 CP/%	粗脂肪 EE/%	粗灰分 Ash/%	钙 Ca/%	磷 P/%	粗纤维 CF/%
干粉饲料（广东）	18.35	16.99	1.44	13.77	1.58	0.37	25.12
发酵饲料（安徽）	17.39	12.86	1.87	8.12	1.68	0.19	23.80

从表7-12中可以看到，干粉饲料的营养成分并不比发酵饲料的营养成分差，尽管所取检测材料并非来自同一个地方和同一批次，取样材料一致性可能存在较大的不足，但是足可以说明构树干粉仍是一种具有较高经济价值的饲料形式，在提倡发酵饲料的同时，也不要忽视干粉饲料的利用。

构树饲用林需要集中采收，采集量大，时间仓促，选择青贮打包较为合适，而兼用型构树采集的侧枝量少，采收时间有一定的伸缩性，加之林地空间大，有晾晒的条件，选择干粉制作较为合适。

第三节 树皮利用

一、纤维材的材性分析

纤维长度、宽度、长宽比等形态指标是评价木材制浆性能的重要依据。纤维越长、长宽比越大，纸张的纤维交接点就会相应增加，从而提高了纸张的物理性能，尤其是纸张的裂断长和撕裂度。根据国际木材解剖学会规定造纸工业用木材纤维的中级纤维标准，即纤维长度为0.91～1.6mm，纤维长宽比>30，且越大越好，而构树皮纤维长度平均值为9.37mm，分布范围为3.3～19.6mm，纤维长宽比高达509。以上数据对比显示，构树皮特性突出，是一种难得的造纸原料。在实验室条件下，构树皮纸浆得率为42.47%，硬度为6.70（Kappa值），耐破指数为2.23kPa·m^2/g，撕裂指数为34.53mN·m^2/g，耐折度192次，抗张指数为27.67N·m/g，具有较优的制浆性能。

构树皮制浆得率高、杂质少，滤水性好、易洗涤，抄造性能好，成纸强度大，白度高，是高档印刷用纸、新闻纸、造币纸、宣纸、特种纸以及高档织布的优质原料（图7-3）。

图7-3 构树皮原料及其生产的优质纸张

为了全面了解构树木材各部位的造纸性能，对构树干材（包括皮）和心材（不包括皮）有关的造纸性能进行检测。其检测结果分别为：干材的总纤维素含量为82.09%，Klason木质素含量为18.57%，纤维平均长度为863μm，长宽比为51.3，壁腔比为0.37；心材的纤维长度平均为950μm，宽度为2μm，长宽比43。检测结果表明，干材和心材的检测数据相差不大，这与构树皮在直径较大的木材中的占比较低有关。检测结果还表明，干材和心材的均能够达到造纸对材性指标的要求，但造纸的性能均远低于构树皮，实施构树皮干分离、分类利用是构树物尽其用的一种重要的途径，否则构树皮的独特作用难以彰显。此外，对枝条韧皮纤维与树干韧皮纤维分别离析，结果表明树干韧皮纤维平均为44.11%；枝条韧皮纤维平均为42.11%，两者的纤维差别不显著，可考虑一并作为造纸原料。

二、纤维材造纸的原理

植物纤维原料中的纤维素、半纤维素和木质素主要存在于纤维细胞中，其中纤维素是纤维的骨骼物质，而木质素与半纤维素以包容物质的形式分散在纤维之中及其周围。以植物纤维为原料的制浆造纸过程，其基本原理是用化学、机械或兼用化学及机械的方法将植物原料中的纤维分离出来，再在浆、水混合的悬浮体中使纤维重新交织，从而形成均匀而致密的纸张。纤维的分离实质上是使纤维中所含木质素取得塑化或溶解的过程，而重新交织成纸张则是通过改变纤维中纤维素和半纤维素的成纸性质，提高其交织能力的过程。

三、土法造纸的工艺流程

我国利用构树造纸已有2 000多年的历史，蔡伦造纸术使用的麻类原料就包括构树皮，在云南和贵州等一些偏远的地方至今还保留着传统的造纸工艺（图7-4）。不同地方的造纸工艺略有不同，但其过程大致可分为四个步骤：第一个是原料的分离，就是用沤浸或蒸煮的方法让原料在碱液中脱胶，并分散成纤维状；第二个是打浆，就是用切割和锤捣的方法切断纤维，制成纸浆；第三个是抄造，即让纸浆渗水制成浆液，然后用捞纸器，使纸浆交织成薄片状的湿纸；第四个是干燥，把湿纸晾干，揭下来就成了纸张。

图7-4　在我国云贵等一些偏远的地方至今还保留着传统的构树土法造纸工艺，丹寨石桥纸街成为当地文化和旅游的一张名片

第四节　枝桠材利用

兼用性构树在生长中和采伐后会产生大量的枝桠材，一部分可用作饲料原料，其余部分可作为食用菌原料和生物质颗粒燃料原料等。

一、食用菌生产

食用菌的常规栽培原料主要有棉籽壳、棉秆、玉米芯、杂木屑、麸皮、玉米粉、作物秸秆，其中杂木屑涉及林木树种，不是所有的树种都适合作食用菌原料，如桉树因含有芳香油，会抑制真菌丝生产和出菇；松杉木屑因含有大量脂类物质，对菌丝产生抑制和毒害，若不加处理都不适宜作为食用菌栽培的材料，吴金雷等利用构树木屑袋料栽培食用菌的试验结果表明，构树不仅可以用于食用菌栽培，而且是食用菌栽培的一个不可多得的优质原料。在《唐本草经》中，也有构树作为菌材的记载。

1. 构树木屑的营养成分

为了更好地说明构树木屑在食用菌栽培上的独特作用，在测定其营养成分的含量的同时，也测定了杨树和其他杂木屑的营养成分。下面是3种不同树种木屑的营养成分测定结果（表7-13）。

表7-13　构树木屑与其他树种木屑营养成分测定与对比（g/100g）

营养成分	构树木屑	杨树木屑	杂木屑
水溶性糖	8.37	6.32	4.94
纤维素	52.70	52.72	44.51
半纤维素	29.70	28.63	19.88
木质素	18.76	16.07	25.27
总有机碳	52.09	52.43	53.12
全氮	0.47	0.21	0.24
粗灰分	4.43	3.83	5.35
C/N	11/1	250/1	221/1

通过不同树种木屑营养成分的对比，可以看出构树木屑中含有丰富的营养物质，相对于杨树木屑和杂木屑而言，构树木屑自身的营养配比更加合理，有利于食用菌的生长。在进行构树木屑食用菌栽培时，构树木屑的添加比例为30%～75%，其他的还需要添加含氮量高的原料，如棉籽壳、麸皮、米糠和玉米粉等。

2. 不同食用菌的栽培试验

（1）构树木屑袋料栽培平菇试验

①平菇栽培基质配方设计（表7-14）。

表7-14　4种平菇栽培基质配方设计

试验序号	平菇栽培基质配方
配方1	构树木屑38%、杂木屑38%、玉米粉22%、石灰1%
配方2	构树木屑76%、玉米粉22%、石灰2%
配方3	构树木屑78%、麸皮19%、蔗糖1%、石灰2%
配方4	杂木屑76%、玉米粉22%、石灰2%

②平菇试验结果与分析。以构树木屑和杂木屑为主料的栽培基质对平菇菌丝生长和子实体产品和品质的影响，其结果表明：以构树木屑为主料的基质用于平菇栽培，菌丝洁白健壮，长速快，污染率低，生物转化率达到105.77%～110.20%，显著高于杂木屑和混合料，菇体商品性较好。同为构树木屑为主料的基质，添加一定比例的玉米粉或麸皮作为氮源，对菌丝生长和产量有不同的影响，麸皮有助于菌丝生长，而玉米粉有助于提高平菇的产量。

（2）构树木屑袋料栽培杏鲍菇试验

①杏鲍菇栽培基质配方设计（表7-15）。

表7-15　5种杏鲍菇栽培基质配方

试验序号	杏鲍菇栽培基质配方
配方1	棉籽壳85%、麸皮13%、白糖1%、石灰1%
配方2	构树木屑39%、棉籽壳39%、麸皮20%、白糖1%、石灰1%
配方3	构树木屑65%、棉籽壳20%、麸皮13%、白糖1%、石灰1%
配方4	构树木屑77%、麸皮21%、白糖1%、石灰1%
配方5	杂木屑77%、麸皮21%、白糖1%、石灰1%

②杏鲍菇栽培试验结果与分析。栽培基质中构树木屑添加量对杏鲍菇菌丝生长、子实体产量和品质的影响，其结果表明：添加构树木屑39%～65%的培养基质有利于杏鲍菇菌丝的生长和子实体的形成，菌丝浓白、健壮、整齐、生长快，第一茬的生物转化率为54.35%～59.17%。略高于纯棉籽壳的基质，明显高于杂木屑基质的42.3%；构树木屑添加量为77%的栽培基质菌丝生长缓慢且未出菇。

3. 食用菌的品质

构树富含氨基酸、维生素和其他生理活性物质，具有较好的养生保健功效，在食用、药用和饲用等方面的应用效果都得到了充分的肯定，这些为构树木屑作为优良的食用菌栽培基质、提高食用菌的品质铺就了坚实的基础和美好的未来。根据灵芝栽培试的初步结果，构树木屑可明显提高灵芝子实体多糖含量。

4. 食用菌产品

东北的一家食用菌生产厂通过现场观摩、体验式消费和包装艺术化等的经营方式，将产品示范和宣传摆在一个重要的位置，以销售促进生产，以鲜品带动干品，为企业带来了生机和活力，下面是该企业的部分产品（图7-5）。

图7-5　一家食用菌厂生产的食用菌产品，将产品的食用功能和产品的观赏功能有机结合起来

二、生物质颗粒燃料的生产

1. 生物质利用的的现状和颗粒燃料的特点

近年来，由于各地对环境保护的重视，全面推行农林废弃物的禁烧禁焚政策，作物秸秆、枯枝落叶等农林废弃物存量增加，据统计，林区可收集利用的枝桠材每年为3亿～5亿t，如何处理和利用这些农林废弃物备受关注，为此国家发改委专门制定了《全国生物质能开发利用工作情况及初步安排意见》《生物质成型燃料产业发展规划》，指导和推进农林生物质的合理化、科学化的利用。

目前生物质能源的利用有多种方式，主要有厌氧发酵、气化、液化、制作柴油、致密成型等，其中将农林废弃物致密成型，作为生物质颗粒燃料则是一种实用性强、技术可靠和规模可控的利用方式。生物质颗粒燃料为林业生产过程产生的枝桠材增加了一条处理途径，既可解决废物合理化利用问题，又可带来一定的收益。

生物质颗粒燃料是将作物秸秆、枯枝落叶等固体废弃物经过粉碎、加压、增密、成型，成为小棒状颗粒型燃料。农林生物质原料的密度一般为130kg/m^3，成型后颗粒的主要性能指标为：热值4 500～4 800kcal/kg，长度10～30mm，圆柱型直径6～8mm，水分≤8.0%，灰分≤2%，燃烧率≥98%，热效率≥81%。其体积是原料体积的1/30～1/40，比重是原料的10～15倍，具有耐燃烧，热值高，燃烧好，成本低，使用方便，清洁卫生等优点，可替代木柴、原煤、燃油、液化气等，能广泛用于取暖、生活炉灶、锅炉、生物发电等。

2. 生物质颗粒燃料加工的技术条件

目前我国生物质颗粒燃料加工技术基本成熟，各种型号的生物质颗粒燃料生产设备齐全，单台生产设备的产能从年产2 000t到年产30 000t，即小到可以建一个小型加工点，大到可以建一座大型加工厂，能够满足不同生产规模的需要。可以说，任何产生作物秸秆、枯枝落叶的地方，都可以加工、销售和利用颗粒燃料，实现农林生物质资源充分、高效和便捷利用（图7-6）。

饲料加工的颗粒机与生物质颗粒燃料生产设备有许多相似之处，饲料加工的颗粒机经过改造也可生产生物质颗粒燃料。如果条件许可，厂房和主机既可用于饲料的生产，又可用于生物质颗粒的生产，在不同的时间生产不同的产品，保证厂房和主机的高效、满负荷的使用。符合饲料要求的构树枝条可以用作饲料原料，一些粗度较大、不宜用作饲料的枝条都可作为生物质颗粒燃料的原料。

图7-6　利用构树为原料进行生物质颗粒燃料生产

3. 生物质颗粒燃料国内外市场行情

目前，国外的生物质颗粒燃料的发展较为成熟，市场认可度较高，产品价格稳定。据了解，美国生物质颗粒燃料小包装为170美元/t，大包装为135美元/t，瑞典为150美元/t。国内生物质颗粒燃料发展还不成熟，大多数人对生物质颗粒燃料具有高能、环保、使用方便的特性认识不够，消费市场还未完全打开，产品价格还不能被广泛接受。东北地区，花生壳颗粒600～650元/t，杂木颗粒850～950元/t，松木颗粒1 100元/t，樟子松颗粒1 150～1 300元/t；山东地区，花生壳颗粒600～630元/t，杂木颗粒800～900元/t，樟子松颗粒1 100～1 350元/t；河南地区，花生壳颗粒560～580元/t，杂木颗粒830～850元/t，松木颗粒900～950元/t；河北地区，杂木颗粒800～850元/t。

中国目前采用的制粒方法均为传统生产方法，与现有的饲料制粒方式基本相同，在原料烘干、压制、冷却、包装等方面消耗大量能量，加之成型过程中对机器的磨损比较大，致使生物质颗粒燃料的生产成本居高不下。从长远来看，降低原料成本、改进生产设备和工艺是生物质颗粒燃料赢得市场的必由之路。

4. 生物质颗粒燃料在取暖方面的应用实例

一台小型的生物质颗粒燃料取暖炉具有智能控制、一键开关、自动生火、自动投料、无烟无味无尘等多种功能，适合乡村农舍、温室大棚、养殖场等场所使用。该类机型售价一般在2 000元以内，且使用成本也不高，是空调和天然气使用成本的1/4～1/3（图7-7）。

图7-7　构树生物质颗粒燃料和取暖炉

第八章

材饲兼用型构树的叶花果利用

第一节　叶片的利用

一、饲用

构树进入中国农业农村部《饲料原料目录》，是构树产业发展史上一件具有里程碑意义的大事，标志着构树作为饲料原料的利用已由民间流传、粗放式的做法开始向规范化、商业化运作方式转变。曾经的构树枝叶养殖，合情合理但无法可依的时代已经过去。

构树叶片是构树全株营养最为丰富的器官，其次是嫩枝、老枝，但叶片在全株的占比较低，单独利用叶片作饲料，用工较大，成本过高，经济上不划算，而枝叶一起利用，主要是叶片和嫩枝，可以在一定程度上弥补单独利用单叶的不足，大幅提高采收的生物量以及采收的效率。因此如果对构树原料没有特别的要求，构树枝叶一起使用就行。叶片的饲用可参见本书构树侧枝利用的有关章节和《构树产业发展100问》一书。

兼用型构树林内，秋季会落下大量的叶片，即使落叶的饲用价值低于鲜叶的饲用价值，但是落叶收集相对容易，收集的方法有更多的选择，而且随着造林面积的增大，落叶收集和利用会成为一件值得去做的事情。

二、食用与药用

国家卫健委公布的《药食同源目录》中，与构树亲缘关系较近的桑叶、桑葚已收录其中；《新资源食品目录》中，营养和经济价值较高的辣木叶、牡丹籽油、杜仲籽油、光皮梾木果油也收录其中。某种植物进入到目录中，意味着对其身份的确认和官方的认可，具备了名正言顺地做大做强食品药品类产品的基本条件；对于相关项目立项、产品宣传推广和得到当地政府支持都是一个重要的筹码，既不能忽视，更不能缺失；对于任何一种具有开发价值的植物来说，其存在的分量不言而喻。此外，也可以通过制定地方食品标准的途径获得合法的身份。

“药食同源”是中国特色的一种做法，是对传统文化和习俗的尊重，也是对一种植物营养价值的肯定。构树浑身是宝，史书都有明确的记载且一些功效至今仍在沿用，构树具备进入相关目录的有利条件，但目前构树用于食用或药用还只是停留在民间的做法，是当前构树产业向纵深发展的痛点，已经不适应新时代的要求。现在和今后一段时期，应加快申办构树进入相关目录的流程，在重视产业推进的同时不能忽视进入相关目录的推进。构树是一种近年来才引起关注的树种，随着人们对构树价值的逐步认知和科学论证，期待构树早日如愿进入到《药食同源目录》或《新资源食品目录》中，正如构树经过多方努力如愿地进入《饲料原料目录》中一样。

三、以叶片为主要原料开发出的部分产品

1. 构树茶叶

构树嫩芽和嫩叶制茶较为普遍，在构树栽植的主产区几乎都有构树制茶的经历。构树茶主要为绿茶，少有发酵茶，构树茶汤为翠绿色，茶香四溢，口感独特，构树茶已成为业内人士招待宾客和介绍构树价值的一张名片（图8-1）。

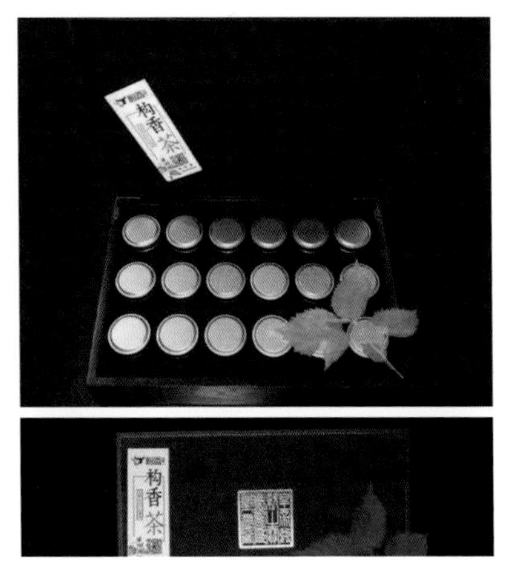

图8-1　构树嫩芽制作的茶叶和茗茶

2. 菜品与面食

构树鲜叶可用于火锅的配菜，构树蒸菜的制作；构树叶片干粉可作为营养的添加剂，用于构树面条、饺子等面食的制作（图8-2）。

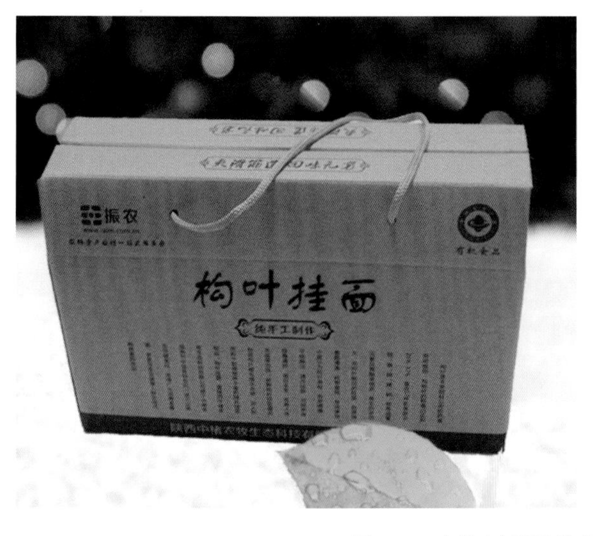

图8-2　由构树鲜叶为原料制作的面食

3. 蛋白肽口服液

蛋白肽口服液是由陕西省植物蛋白食品工程技术研究中心和陕西中楮农牧生态科技有限公司联合研制的（图8-3）。蛋白肽是从构树中提取的一种水溶性蛋白，经过酶工程将蛋白质降解、缩合形成活性肽，具有减除肌肤黑色素、淡化及阻止黑色素的形成，显著增加肌肤的保温锁水能力，减除皮肤表明的老化细胞，软化皮肤角质化细胞，促进细胞新陈代谢，加速毛细管的微循环，增强细胞之间的胶原蛋白的连接力，令肌肤净白、柔软、晶莹、充满弹性的作用。同时还具有促进人体双歧杆菌、乳酸菌生长繁殖、清除自由基、降胆固醇、降血压、促进脂肪代谢的功能。

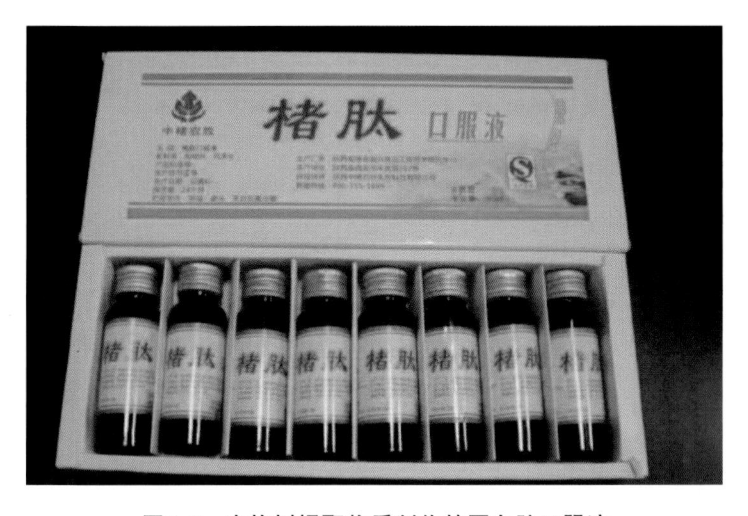

图8-3　由构树提取物质制作的蛋白肽口服液

第二节　花果和种子的利用

一、雄花的利用

构树是雌雄异株植物，构树花序利用主要是指雄花的利用。构树的雄花是柔荑花序，一些地方称之为楮不揪，在河南、江苏等地是作为人们十分喜食的一种野生蔬菜，近年来在集市和超市也有售卖。构树雄花最常见的做菜方法是制作蒸菜，即雄花序拌面蒸熟后，蘸上酱油或蒜汁等调料食用，这点与刺槐花序和榆钱的蒸制和食用方法类似。构树雄花与叶片基本同时出现，雄花花量大，采摘花序不仅可以获得大量的食材，而且对构树的生长也有好处。去雄，即摘除雄花，是核桃等经济树种丰产栽培的一项技术手段。食用花序应在雄花序发育的早期采摘，雄花散粉后，花序的营养成分会降低，风味也会降低。

据芦文娟等研究结果表明，每100g干燥的雄花序总糖含量为27.5g，粗脂肪含量为8.60g，粗蛋白含量为39.63g，总灰分含量为8.53g。华栋等研究结果也表明，每100g干燥的雄花序含有β胡萝卜素3.09mg，维生素C267.71mg，粗脂肪8.82g，总碳水化合物53.38g，粗蛋白20.51g，氨基酸总量16.73g，其中人体必需的氨基酸含量达35.5%。由此可见，尽管试材检测结果略有不同，但都说明构树雄花序粗脂肪含量低，粗蛋白含量高，营养丰富且均衡，是一种有益健康的天然食材。

二、果实和种子的利用

构树果实为聚合果，又称楮实，果径2～3cm，肉质，7—9月陆续成熟，成熟时果实颜色由绿变红色。由于果实成熟时间不一致，应分期采收。一枚果实含有数十粒种子。构树种子，又称楮实子，表面有小瘤，龙骨双层，外果皮壳质。种子较小，重量较轻，根据对饲构1号种子的抽检结果，种子的千粒重为2.9g，500g种子的数量可达17万粒（图8-4）。

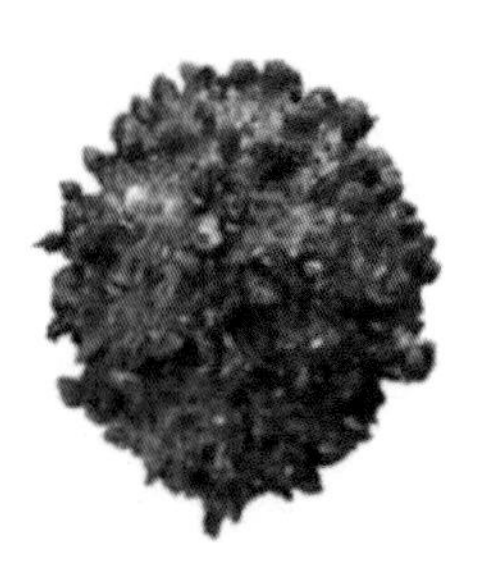

图8-4　构树果实和种子

楮实和楮实子的俗称对应的是构树果实和构树种子，在许多文献中两者被混为一谈，应加以区别。

由于构树果实取样部位的营养成分含量和开发利用价值不同，下面分别就果实（含种子）、果汁和种子的有关内容进行说明：

1. 果实的营养成分和功效

（1）果实的矿物质含量

构树果实里含有丰富的矿质元素，如Fe（铁）、Mn（锰）、Cu（铜）、Zn（锌）等，这些微量元素具有重要药理性作用，并参与到人体新陈代谢的过程（表8-1）。

表8-1　果实的矿物质含量（μg/g）

元素名称	含量	元素名称	含量	元素名称	含量
K（钾）	7.01×1 000	Mn（锰）	73	Ni（镍）	0.90
Ca（钙）	13.5×1 000	Cu（铜）	56	Cr（铬）	0.64
Mg（镁）	2.93×1 000	Al（铝）	671	Pb（铅）	0.84
Na（钠）	9.61×100	Ti（钛）	3.3	Sr（锶）	4.53
P（磷）	23.51×1 000	As（砷）	0.582	Si（矽）	142
Fe（铁）	523	Hg（汞）	0.46	B（硼）	8.8
Zn（锌）	129	V（钒）	0.51	Co（钴）	0.8

（2）果实的氨基酸含量

果实中含有18种氨基酸，其中人体必需的7种氨基酸占总氨基酸的31.23%（表8-2）。

表8-2　果实的氨基酸含量（g/100g）

氨基酸	含量	氨基酸	含量	氨基酸	含量
天冬氨酸	0.891	胱氨酸	0.764	酪氨酸	0.504
苏氨酸	0.342	缬氨酸	0.030	苯丙氨酸	0.361
丝氨酸	0.437	蛋氨酸	0.213	赖氨酸	0.443
谷氨酸	0.736	异亮氨酸	0.854	脯氨酸	0.596
丙氨酸	0.258	亮氨酸	0.313	必需氨酸	2.456
组氨酸	0.149	色氨酸	未测	总氨基酸	7.865
精氨酸	0.438	甘氨酸	0.536		

2. 果汁的营养成分和功效

果汁中含有大量的营养物质，其中可溶性糖、可溶性蛋白、维生素C和生理活性物质类黄酮的含量较高，而且超氧化物歧化酶（SOD）、过氧化酶（POD）的酶活性强，具有一定的抗脂质氧化能力。此外提取的红色素是有效的自由基清除剂，具有抗氧化、抗游离基产生等作用（表8-3）。

表8-3　果汁中可溶性物质的含量（mg/100ml，μg/100g）

可溶性物质	含量	可溶性物质	含量
可溶性糖	6 270.2	维生素C	17.6
可溶性蛋白	252.3	类黄酮	1 340.2

3. 种子的营养成分和功效

原花青素及其他生理活性物质

种子原花青素含量达到4 163mg/100g，具有抗氧化与清除自由基、保护心脑血管系统、防治癌症、预防与治疗糖尿病、抗炎、胃溃疡损伤保护、保护肝脏、抗辐射、酶抑制、提高记忆力等作用。

从构树种子中提取8种活性物质，其中3个为四环三萜皂甙（达玛烷型），4个为甾体皂甙，1种为甘油，这些活性物质具有快速缓解疲劳，改善记忆促进智力，延缓衰老，预防老年痴呆的作用。

种子的含油率达到35%，油中主要含有亚油酸和亚麻酸。亚麻酸简称LNA，属ω-3系列多烯脂肪酸（简写PUFA），为全顺式9、12、15十八碳三烯酸，它以甘油酯的形式存在于绿色植物中，是构成人体组织细胞的主要成分，在体内不能合成、代谢和转化，为机体必需的生命活性因子DHA和EPA，必须从体外摄取。人体一旦缺乏，即会引导起机体脂质代谢紊乱，导致免疫力降低、健忘、疲劳、视力减退、动脉粥样硬化等症状的发生。亚麻酸有益于预防和治疗癌症、心脑血管病、糖尿病、类风湿病、皮炎症、抑郁症、精神分裂症、老年痴呆症、过敏、哮喘、肾病和慢性阻塞性肺炎等，如果缺乏亚麻酸，尤其是婴幼儿、青少年，就会严重影响其智力正常发育。亚油酸由于具有降低人体血液中胆固醇和血脂的作用，可作为治疗动脉粥样硬化药物（如益寿宁、脉通等）的原料。

4. 有关医药文献关于构树果实和种子药用的记载

《中华人民共和国药典》（2015版）第一部第335页收录了构树，收录药名为“楮实子”。炮制为饮片，性味甘、寒，功能是补肾清肝、明目、利尿，用于肝肾不足，腰膝酸软，虚劳骨蒸，头晕目昏，目生翳膜，水肿胀满。

李时珍《本草纲目》收录构树于“木”部，名“楮”。楮实性味“甘、寒、无毒”。楮实主治：水气蛊胀，肝热生翳，喉痹、喉风，石疽，刀伤出血，目昏难视。

5. 果实和种子系列产品介绍

构树果实可以分离为种子、果汁、果托，用于开发不同的产品。种子提取楮油和生物活性物质，生产楮实子油胶囊、明目胶囊和生物活性胶囊；果汁酿造楮实果酒，提取原花青素，生产明目胶囊等子产品；果托用来酿造楮实白兰地，生产生物有机肥（图8-5）。

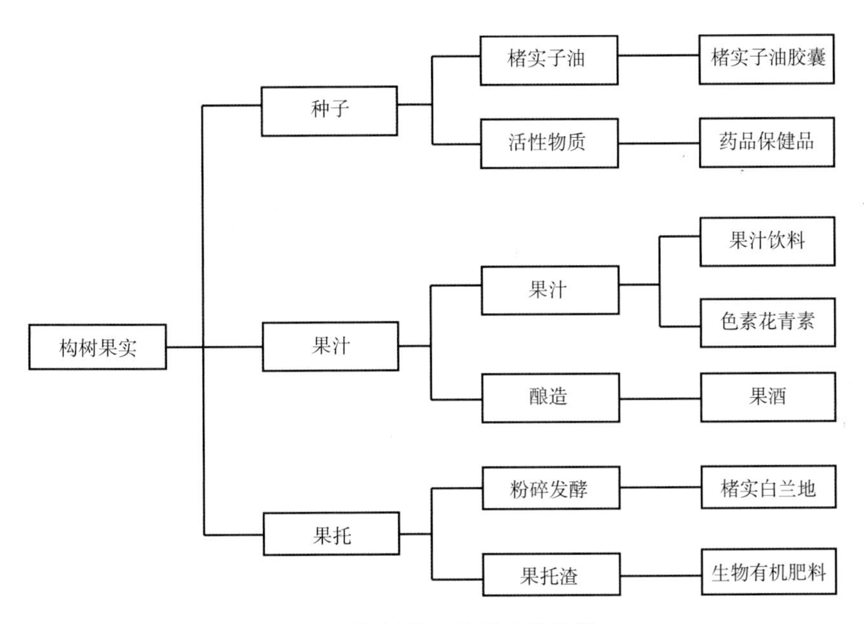

图8-5　构树果实产品开发路线

（1）天然色素

罗中杰等从构树果实提取红色素，其在中性和酸性介质中对光、热、多数金属离子以及蔗糖、葡萄糖等食品添加剂都是稳定的，可作为天然色素开发。

（2）半干红楮桃酒

周文美以野生楮桃为原料，经榨汁，成分调整，接入葡萄酒酵母菌进行发酵制得风味独特的半干红楮桃酒。楮桃口服液具有降低过氧化脂质、总胆固醇和甘油三酯的功效。黄大建等在构树果实产后加工等方面，取得了7项国家发明专利，解决了果汁制取、储藏、果酒酿造、原花青素萃取等方面的技术难题，成功开发了构树果酒、楮实白兰地等产品。

（3）楮实子油胶囊和楮实生物活性胶囊

楮实子生物活性胶囊以原花青素为主要有效活性成分，目前市场销售出厂价为100元/g，从美国进口的原花青素B_2销售价格为480元/瓶（20mg装）。

（4）保湿水和润肤露产品

保湿水150ml中含原花青素30g，50g润肤露中含原花青素15g。

第九章

材饲兼用型构树种养一体化的应用实例

构树种养一体化发展是构树产业发展的重要途径之一，但不同企业的经营理念、技术路线和执行力度不同，往往产生不同的结果。近几年涉及构树产业的企业很多，能够存活下来，并得到稳步发展的企业却很少。受挫或退出的企业各有各的不幸，而坚守和成功的企业都是相似的。坚持正确的产业发展方向、建立可持续性的生产经营体系，抓好人才、技术、资金和产品出口等要素的相互关系，苦干加巧干才是企业的出路，也是构树产业从困境中突围并走向辉煌的不二法则。在此，介绍两个公司在构树种养方面所做的工作，尽管各自的作法上不甚相同，但旨在通过典型实例，为业内人士提供一些有益的启示，为推进构树产业这一共同事业献计献策。

第一节　乔木化利用的种养模式

一、模式特点

1. 根据乔木型构树的生长特点，实现构树全株的高效利用

以材饲兼用为经营目的，按照用材林的造林模式，营造具有一定规模的商品林，并以此作为构树全产业链发展的起点。其指导思想在于，一是通过兼用构树的快速生长，使得木材材积得到有效积累和连年递增，确保木材每年的预期收益不低于当年的土地租金和劳务投入，降低企业经营风险，为涉构企业项目的推进和实施开好头，布好局，尤其是在当前构树市场处在培育期，谋求稳健发展是第一步；二是结合树体管理，将修剪下来的侧枝及枝桠材收集起来，并通过尽可能简单的加工和处理过程，将其制成便于利用的功能饲料，达到变废为宝，化腐朽为神奇的效果，从而提高林地的附加值，获得比单纯营造杨树、桉树等用材林更多的收益；三是兼用构树林相整齐，树形美观，特点突出，令人耳目一新的示范效果还有利于拓展构树的盈利渠道，获得来自苗木生产方面的收益，实现构树

种植收益的最大化。从目前各试区兼用构树生长表现和绿化工程使用情况来看，其绿化效果应不次于一般的园林绿化树种，是构树特色小镇、美丽乡村建设和城镇通道绿化工程上一个不可多得的理想树种；其速生性不次于“南桉北杨”，是工业用材林发展中一个可供选择的理想树种。

2. 根据乔木型构树的生长特点，实现构树产业的高效联动

构树产业涉及林木种植、饲料加工和畜禽养殖等多个环节，各个节点运行良好，有助于下一节点运行，实现节点相扣、上下游呼应是产业持续发展的前提条件。饲料加工属于构树全产业链的中间环节，具有承上启下的作用。构树饲料的类型较多，其中干粉具有耐储藏、利运输、易使用的特点，不仅对下一环节——构树养殖提供了极大的便利，而且对上一环节——构树种植也起到了拉动作用。

乔木型构树定植后，树木会产生许多侧枝，修枝打杈是其中一项重要的管理任务，这一过程看似是树体养护过程，实则也是产品收获过程。兼用构树枝叶浓密，叶片厚实，嫩枝髓心大，有效成分含量高，饲用价值突出。兼用构树林分设计有利于侧枝的收集、晾晒和加工。

构树干粉喂养生猪可提高猪肉的品质，一方面为消费者提供更多的肉品选择，另一方面为涉构企业打造构树猪肉品牌创造了条件。

3. 根据乔木型构树的生长特点，实现构树林分的趋利避害的作用

兼用构树树体高大，占据一定的高度优势，有利于抑制杂草滋生，降低田间管理投入以及有效推进低成本、高功效经营模式的运行；乔木树种对林地生态环境的改善作用强于灌木树种，良好的生产环境有利于劳务人员的身心健康和提高工作效率；相对开阔的株行距有利于人机通过，枝条晾晒和发展林下经济。

4. 根据乔木型构树的生长特点，实现树体形态和应用目的的转换

根据实际情况和需要，乔木型构树可以轻松实现乔木型和灌木型两种形态的的相互转换，充分发挥兼用构树以饲用为主或以材用为主的不同功能，顺应生产和市场的变化以及应对持续收割带来的树势衰退问题。

乔木型构树发芽力强，成枝力也很强，其幼苗按照饲料林的栽植要求，不经整形修剪处理，可以当作饲料林培养，其效果与其他灌木型构树品种建立的饲料林基本相同；也可以在已建成的乔木型构树片林中，实施隔行间伐，实现不同高度林木的立体栽培。其中，间伐后的构树当作饲料林培养，处在林分的低层；未经间伐的构树则继续生长，处在林分的高层，整个林分形成饲料林与用材林的共存。以后随着用材林进入采伐期，采伐后的构树又可作为饲料林培养，而已经间伐过的构树可作为用材林培养直至成材，从而完成饲料林与用材林的互换；还可以按照用材林的栽植要求，定植1年生裸根苗，直接营造商品林。

该模式的运行具有一定的灵活性，既适合于平地，也适合于山地。在不能机械化采收以及由于雨水频繁等原因导致不能按时采收的地方，该模式的运行意义更加重要。此外，该模式对于当下较为普遍的先种构树、后找出路的做法提供一个可供借鉴的解决方案。

二、技术路线

1. 构树产业链之林木种植

（1）新品种构树林建立

构树林选择一年生裸根苗，在休眠期栽植为宜。一年生构树裸根苗有多种规格，若选择高度2.5m，胸径2.5cm以上的苗木，株行距设定为1.5m × 3.0m、2.0m × 2.5m，密度约为150株/亩。在正常的栽培管理条件下，4年后构树的胸径可以达到15cm左右。参照相同规格杨树木材售价，构树单株木材售价约为75元，这样4年构树木材的产值应为11 250元/亩左右，折合每年每亩的产值为2 800元。说明一下，用材林是最容易变现的林种，收益稳定，近20年来一直如此。设定4年为一个轮伐期，构树采伐后，不用再重新造林，构树根桩能够产生大量丛生枝条，经定株后又形成第一代萌芽林。第一代萌芽林的成林速度比新造林来得更快，下一轮的收益将会更好。

（2）树体管理和侧枝采收

构树在4年的生长过程中，其适应性强，管理粗放，用工不多，而且投入还在逐年减少。一个人配合机械操作可照顾到几十亩，甚至上百亩的林地。平地行间杂草交由机械即可轻松完成，少量的株间杂草可由人工清除。构树较宽的行间距铺上彩条布，可作为修剪下来的枝条存放和晾干的场地。山地经营情况较为复杂，可根据实际情况，选择合理的经营方案和处置措施。

2. 构树产业链之饲料加工

枝条经过几天的晾晒，枝叶发生分离，已经凉干的叶片（含水量低于10%）可先行收集装袋，枝杈可堆积在原地或加工场地，待枝杈进一步干燥及达到一定的数量时，交由粉碎机进行处理。一台11千瓦的粉碎机1h可加工干粉0.5 ~ 1t。干粉粒径为3 ~ 5mm，粒径大小由筛网控制，能够满足生猪喂养对物料粒径大小的要求。

构树饲料标准化难以推行是构树饲料应用的软肋，这与枝条采集过程中发生的变数太多有关。不同的枝条采集的时间、枝条的粗度和高度、枝条的含水量等多种因素都会到影响枝条营养成分的占比。而相比其他饲料形式，干粉饲料的技术标准制定和落实相对容易操作。为了保证干粉的质量和产品的标准化，枝条粗度控制在1.2cm以内，而更粗的枝条可作为菌棒的原料另行加工。枝叶可一并采收，但由于制干需要的时间不同，可分别予以粉碎。干粉与叶粉后经混合作为最终的干粉产品，以供与生猪其他的饲料进行配比使用。

干粉不仅可以供给自己猪场之用，而且构树种植面积一旦上了规模，还可以建成一个构树干粉饲料加工基地，对外销售，独立运行。虽然侧枝及枝桠材采集过程投入较大，但采集时间比较灵活，能够合理利用农时和天气条件，需要的处理设备简单。

3. 构树产业链之生猪喂养

（1）畜禽养殖的选择

构树饲料是广谱性饲料，猪牛羊鸡鸭鹅都可使用，但具体到哪种畜禽作为饲养对象是需要加以考虑的，如所在地的养殖习惯、养殖经验、养殖收益等，唯有适合自己的才是最正确的选择。

认定生猪是构树饲料主要饲养对象经历了时间的沉积和认识—再认识的过程。起初认为牛羊是反刍动物，对构树的消耗量大，饲料加工相对简单，种植构树喂养牛羊首当其冲、自然而然，后来发现牛羊饲养周期较长，构树饲料成本高于常规的牛羊饲料，而且牛羊肉的售价上不去，口感品尝不甚明显，人们对牛羊品种的重视程度超过对饲料的重视程度，构树牛羊肉的溢价空间不大。而饲料成本是养殖首要考虑的因素之一，如果最终收益不升反降，优质不能优价，选择构树饲养牛羊的出路存在很大的不确定性，至少目前的条件还不成熟。

用构树饲料饲养生猪由来已久，现在仍有一些农村地区保留这一习惯，选择构树饲料养猪有较高的认同感，而且来自多方面的饲喂效果和检测数据都证实，构树饲喂生猪，品质得到提升，口感有明显改善，这些基本事实为构树养殖提供了真实且合理的理由。

（2）生猪饲料配方的确定

以当地常用的品牌饲料作为基础饲料，通过对其营养成分的了解和分析，初步确定构树干粉的添加比例，然后配制成全价饲料。经过一周半量预喂，如果生猪正常，没有不良反应，即可在生猪出栏前1个月、1.5个月、2个月、2.5个月和3个月，对选取的一定数量生猪进行试喂。试喂期间，定期取样进行抽检，检测或评估内容包括猪肉感官指标、品质指标以及育肥效果。当其中某一组合的育肥效果合适、品质发生明显改变时，该组合即为合适的组合，从而确定出干粉的添加比例和饲喂时间的长短，并以此作为规模化构树养猪的依据。

构树干粉在生猪出栏前1～3个月添加，每头生猪的添加量一般不高于25kg，1万头生猪的添加量一般不高于25万kg，即250t。如果采用灌木状构树饲料林供应构树干粉，以每亩年产5t青饲料计，折合成干粉为1.25t，那么只需200亩地的灌木状构树饲料林就能满足饲养万头生猪对构树干粉的需要。这样看来，构树饲料林的相对产能很大，千亩或万亩饲料林产生的干粉需要相当大的生猪生产规模才能与之相匹配。因而，以生猪为饲养对象，构树饲料林规模与产品消化很难做到步调一致，两者之间出现脱节是难以避免的。在目前构树饲料尚未被社会广泛接受的前提下，循序渐进和滚动式发展是一定要坚守的，否则盲目扩大构树饲料林面积极易造成较大的浪费。兼用构树在这方面具有极大的灵活性，剪枝量可多可少，剪枝时间也有一定弹性，生产的干粉还容易消化，规模化的种植与产品的出口衔接性较好。

（3）构树养猪品种和模式的确定

生猪的品种有很多，按毛色主要有黑毛猪、白毛猪，饲养形式也有散养、圈养，但白毛猪圈养较为合适，一是白毛猪圈养最为普遍，以此为基础，引入构树饲料，一旦获得广泛认可和接受，推广和复制的空间巨大；二是把普通的猪养成高品质的猪，可以避免同质化的竞争，形成有别于普通猪、黑毛猪的养殖路线，而走以木本饲料为特色的第三条养殖路线，开创出一种新型的生猪养殖模式，将构树资源优势转化成产品优势，让人们更深地理解构树作为战略物质的内涵。

（4）构树猪肉价格的确定

构树猪肉的定价应体现优质优价、适合大众消费的原则，定价过高影响构树猪肉的走量，不利于构树全产业链的整体推进。参照普通猪肉的价格，一般比普通猪肉每千克贵4～8元。在正常出栏的情况下，每头猪为125.5kg，折合成白条猪为90kg，每头构树猪可比普通猪多卖出360～720元，这样既使遇到猪肉价格严重下跌，也能有效抵御市场风险，保证构树生猪的正常生产。

4. 构树全产业链的建立

以市场为导向，开拓构树猪肉新品的销售渠道，增加构树猪肉新品的占有率，提高构树猪肉新品的知名度，以产业链的后端拉动或倒逼前端，带动构树饲料加工、构树种植发展，有利于构树产业的整体推进。

反过来说，构树饲料加工和构树种植做得好，也可以促进产业链后端的发展，此外构树饲料加工和构树种植也具有较高商业价值，可以形成相对独立的产业。兼用构树表现好，可以加快不同用途种苗的生产，满足构树多功能的开发利用的需求；构树干粉饲料作为养殖的核心料，可以减少使用环节的麻烦，满足更多养殖户加入到构树养殖的队伍。

5. 构树种养一体化的技术路线

公司采用的兼用构树种养一体化技术路线如图9-1所示。

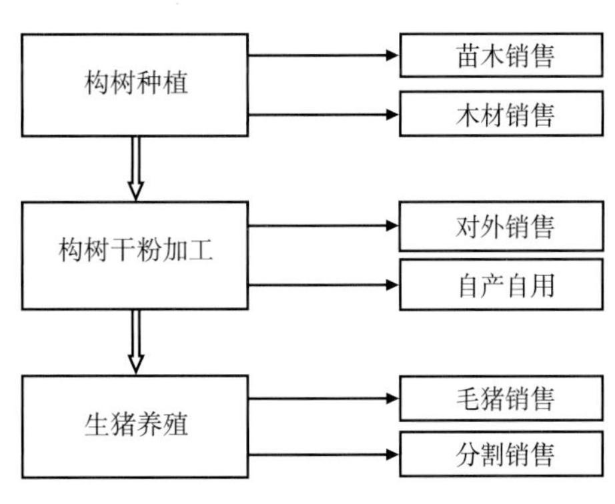

图9-1　兼用构树种养一体化技术路线示意

从构树种植发起，到生猪养殖结束，最终实现构树种养一体化过程。在构树全产业链进行过程中，3个主要节点既相互关联相互促进，又可独立运作并行不悖，从而增加整个构树产业链的造血功能和盈利能力。

三、典型示范

1. 公司基本情况

北京天地禾木林业发展有限公司是一家以兼用构树种植为主，旨在打造构树全产业链开发的企业。该公司目前拥有兼用构树品种的独家经营权，在北京市、山东省、河南省建有育苗和种植基地（图9-2），并与山东省和四川省等地签署构树新品种推广应用协议；在河南省周口市和洛阳市等地拥有年出栏万头猪场。

图9-2　北京天地禾木林业发展有限公司建立的兼用构树种植基地

该公司的经营思路是建立可持续的构树产业经营模式，以示范带动推广，以业绩驱动发展，以创新求得出路，以实干赢得未来，走普惠、务实和高效的产业发展之路。

2. 构树育苗及种植

采用兼用构树品种营建3种不同密度的用材林，密度设计的特点是宽行距窄株距，较宽的行距分别作为人机通道、豆科作物种植和构树小苗临时用地。

通过不同的种植密度试验，确定相应的生长指标；通过不同的修剪强度和方式，了解树体的修剪效应；通过各项投入和收益的汇总和分析，核算构树种植收益，为兼用构树的推广提供理论依据。

兼用构树育苗以扦插为主，育成的不同苗龄的构树苗木除了自用外，更多用于品种推广，作为构树种植收益的补充（图9-3）。

图9-3　北京天地禾木林业发展有限公司培育的兼用构树种苗

3. 构树收割及测产

构树侧枝全部采用人工收割，构树生长旺盛期，每隔7～10天收割1次，由于剪下的枝条萎蔫后，叶片不会马上与枝杈分离，一般剪枝后的2～3天开始收集。剪枝和晾晒要充分利用有利的天气，尽量降低干粉加工前的各项操作成本（图9-4）。

图9-4　利用构树侧枝和叶片制成的干粉

不同年份构树的发枝量不同，一般小苗的发枝量相对较多，可多剪，以促进苗木的高生长，培养出良好的树体结构；大苗的发枝量相对较小，可少剪，促进苗木快速成材，早日实现投资回报。

确定干粉为该公司饲料开发的主要形式，干粉加工量与自养生猪的实际需要相一致。生猪养殖场与构树种植不在同一地方，但干粉较其他的饲料形式能够较大地摊薄运输成本，为异地运输、独立经营提供了便利。干粉自用为主，少量外销。干粉的价格在3 000～3 500元/t。

4. 构树养猪

由于构树饲料养猪的可行性、可操作性较强，近年将构树生猪养殖作为突破口，大力发展构树生猪养殖，待取得一定经验和市场占有率后，再由易及难、由少及多推广到更多的畜禽品种。

该公司目前以育肥为主，就近采购猪仔，但事实证明，这种作法在疫病防控、猪仔价格控制方面还存在一定的问题，而且养殖规模越大，问题越突出，现已开始逐步转向生猪的自繁自育，降低不可预测因素的发生率。生猪养殖扩大到一定规模时，更加注重各方面质量的提升，主要精力集中在饲料配方的优化、养殖收益的增加和产销链条的建立等。生猪规模更进一步的发展主要采取合作、合营和饲料供给等多种形式（图9-5）。

图9-5 生猪养殖以育肥为主转向自繁自育，提高应对仔猪价格波动的能力

5. 畜禽产品的销售

畜禽产品的销售是构树产业链的终端，是构树产业运行状况的晴雨表。畜禽产品的销售方式多种多样，但基于构树猪肉是一种新品，许多人对此还不十分了解，在产品进入市场的初期，选择那些接地气的销售方式较为合理，因此该公司选定一个县或市作为一个构树猪肉产品的销售单元，每个单元设立30～50个构树猪肉销售柜台或摊点，让构树猪肉直接面向消费者，分享构树猪肉的美味，接受消费者的检验和认可。从河南焦作等几个地方构树猪肉销售的实际效果来看，在菜市场、集贸市场等设点，因人流量大，易于近距离沟通，收效较好，而在超市设点或自建专卖店的形式，前期收效不及前者。

2019年对生猪行情来说是一个特殊的年份，生猪存栏较少导致猪肉价格较高，即使普通生猪的养殖收益都很好，此时进行构树猪肉的推广的时间节点不太有利，但可以利用这个档口开展构树干粉饲喂生猪试验，改进和优化饲料配方，为实现公司存栏生猪完全过渡到构树饲料喂养打下基础。当猪肉回归到常态价格时，择机进行构树猪肉销售布点，构建构树猪肉营销体系，逐步实施产供销一体化和本地化发展战略。一个地区的构树猪肉销售搞好了，有了稳定的客户和销售量，就可在下一个地区进行铺货，实现向更多的地区覆盖和产品辐射。在构树猪肉销售过程中，该公司加强对构树养殖的宣传，加深人们对构树猪肉的了解，引导消费者进行合理的选择，同时注重树立自己的品牌，发挥品牌的力量。

第二节　灌木化利用的种养模式

一、模式特点

1. 根据灌木型构树的生长特点，实现构树全株的高效利用

合理密植，适时采收，以饲用为主，食用为辅，以构树种养结合生态循环、农牧产业、有机农畜产品产业为核心发展导向，确立构树全产业链发展的起点。

构树具有多种独特的生物学生态学特性，随着对构树全方位研究的不断深入，构树产业巨大的经济价值被广泛关注。构树富含黄酮、多酚等多种活性物质，其生长过程具有天然的抗虫能力；构树生长速度极快，对杂草有强大的抑制能力，通过恰当的田间管理而无须使用任何农药和除草剂；采用构树种养结合的生态循环生产模式，通过种植和养殖合理的配置，可以使构树生长所需肥料完全依赖养殖动物粪污经生物发酵处理后制成的生物有机肥料，从根本上解除对化肥的依赖。

构树全株收割后直接进入饲料加工系统，粉碎到所需粒度后，经微生物发酵制成构树生物发酵饲料。鲜枝直接加工可最大限度保留构树的生物活性成分，避免有效营养物质的流失。利用先进的微生物发酵技术，制造全发酵全价构树生物饲料，其中不添加任何抗生素和违禁添加剂。长期使用构树生物发酵饲料极大增强动物内分泌系统，强化抗病能力，同时大量的有益微生物通过饲料日复一日的散发，在养殖场区及周边的地表和空中形成有益微生物生态屏障，降低传染病源通过地表和空中传播的概率，因此从饲料源头杜绝抗生素、违禁添加剂的使用，真正实现无抗、生态、健康养殖。

通过数学模型可准确计算构树种植面积和动物养殖量的合理配置，通过严格的生产细节管理，使构树生物生长量、养殖动物饲料需要量、粪污产生量等构成动态平衡，从而形成周而复始的环状闭合生态循环系统。在这个环状闭合生态循环系统中，因为完全不需要甚至因为成本和生产工艺特性排斥使用农药、化肥和抗生素，可以实现相对封闭的有机农产品高效生产体系。

2. 根据灌木型构树的生长特点，实现构树产业的高效联动

构树产业产品链丰富，涉及林木种植、特色食品、功能性产品、饲料加工和畜禽养殖等多个产业。构树生物发酵饲料加工是整个构树产业链的关键环节，具有承上启下的作

用。构树含有较高的木质素和纤维素，过量未经降解的木质素和纤维素对于单胃动物的消化吸收会产生极大的阻碍，从而阻碍养殖动物生长速度；幼嫩构树含有丰富的蛋白质，但是单胃动物对于构树蛋白质有效利用率较低。因此，构树发酵是单胃动物饲料中能够大量利用构树的必要条件，而木质素和纤维素降解程度决定了构树在单胃动物日粮中的使用占比。

构树在单胃动物日粮中的使用量占比对于养殖动物肉质的影响程度呈正相关已经被大量证实。对于利用养殖粪污种植构树的从业者来说，在不影响动物生长性能的基础上，养殖动物日粮中构树用量占比越高，则增重饲料成本越低。木质素和纤维素降解程度是衡量采用的构树饲料生物发酵技术是否可行、饲料中能否大量使用构树的关键决定因素。

在灌木型构树关联产业链中，构树特色食品、构树功能性产品等一般仅采用芽头或嫩叶，可利用部分在构树全株中占比极少，并且对人工操作依赖程度较高，形成产业规模难度较大，构树利用也极不充分。以构树生物发酵饲料和动物养殖为基础，兼顾其他关联构树产业，是构树得以充分高效利用的重要方向，也是构树产业快速规模化发展的重要途径。

3. 根据灌木型构树的生长特点，实现构树片林的趋利避害的作用

灌木型构树生长速度快，生物量大，全株利用成本低效益高，利于机械化收割操作，除了初茬收割需要人工剪枝外，其后均可使用收割机全株收割，有利于降低栽培管理成本，减少劳动力成本，提高生产效率，降低收运成本。根据不同地区气候状况，合理选择收割时间，可以获得理想的营养成分含量和更大生物量权重交集，提高构树利用价值。灌木型构树对水肥需求量大，有利于大量消纳利用养殖粪污，同时有助于改良土壤，持续补充大量有机质和微量矿物质，恢复土壤微生物菌群，持久增加地力。灌木型构树种植区可适量放养鸡、鸭、鹅等禽类，既增加肥力，提高了土地经济价值，同时还提高了养殖动物的品级价值。

灌木型构树是实现构树种养结合生态循环农业生产模式的理想种植模式。

二、技术路线

1. 构树产业链之构树种植

（1）灌木型构树栽培

构树栽植应避开夏季高温季节进行，选择根系发育完整的构树苗，规格一般为苗高不低于15cm，行距为0.9m、株距0.6m，密度约为1 300株/亩。在正常的栽培管理条件下，移栽苗可在生长到1m高度时开始第一次剪枝，田间管理要及时除草，适量浇水施肥。第一次剪枝后生长到1.2m可用收割机进行第一次收割，初次收割亩产鲜枝500～800kg，此后每次收割鲜枝产量将逐次增加，第三年后每次收割亩产鲜枝可达1 500kg，产值750元。南、北方气候环境差异比较大，一般按地域气候环境每年可收割4～6次（图9-6）。

图9-6　灌木型构树育苗和栽培

（2）构树管理和采收

构树适应性强，管理粗放，初期维护用工较多，后期仅需按时施肥浇水即可，灌木型构树成林后水肥充足的条件下几乎不需要除草，用工极少，设施完备的条件下还可实行无人化管理。养殖场配套构树种植可以利用沼液构建水肥一体化系统，一般可10天喷灌1次，应做好每块林地收割和施肥记录。长江流域夏秋两季通常35天左右即可收割1次（图9-7）。

图9-7　构树机械采收

2. 构树产业链之饲料加工

构树鲜枝直接用于单胃动物（如猪、鸡、鸭、鹅）的饲养其吸收转化效率较低，甚至还可能阻碍动物对其他饲料的吸收利用，目前大量的研究和动物饲养试验证明，充分的生物发酵是构树大量用于单胃动物日粮的主要有效途径。生物发酵有好氧发酵和厌氧发酵两种方式，好氧发酵过程降解快速，但也会消耗大量的营养物质，发酵后的产品适口性差；厌氧发酵仅会产生极微量的损耗，适口性很好，但对发酵的工艺要求比较高，密封性、水分控制、发酵温度等都是发酵成功的关键控制参数（图9-8）。

图9-8　构树鲜枝生物发酵工艺及其生产

构树鲜枝收割后要及时加工发酵，避免长时间堆放产生霉变。构树饲料一般加工工艺流程如图9-9所示。

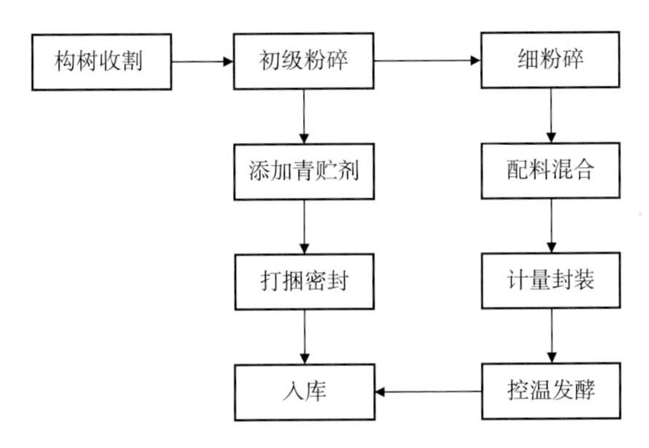

图9-9　构树发酵饲料的加工工艺流程示意

构树鲜枝收割后一部分应直接经过细粉碎后配制成企业制定的相应标准构树生物发酵饲料产品，及时用于动物饲养。粉碎粒度平均粒径必须小于3mm，一方面是为了增大发酵时所需比表面积，提高微生物发酵降解效率，另一方面也有利于猪、鸡、鸭、鹅等养殖动物采食和消化吸收；合理的水分是构树中纤维素和木质素充分降解的必需要素，可根据构树的纤维素含量调整合适的构树饲料水分含量；混合机最好选择桨叶式混合机，和普通饲料生产不同，湿态的构树生物饲料需要较大的混合强度和较长混合时间，一般全部加完料后混合时间不低于4min；厌氧发酵效果对温度十分敏感，理想发酵温度控制在25～35℃。

夏秋两季构树生长旺盛，一部分构树鲜枝可直接打包微贮，用于冬春季构树饲料生产。微贮或青贮的构树降解程度较低，猪、鸡、鸭、鹅消化利用率有限，应进一步细粉碎后制成构树饲料经过深度发酵后用于动物饲养。

深度厌氧发酵可使构树大量用于单胃动物日粮，实现构树种植和养殖粪污循环利用的生态平衡，节省大量的玉米豆粕等饲料粮资源，同时，深度发酵构树饲料使构树在动物养殖品种中的应用范围更为广泛，除猪、鸡、鸭、鹅外，还可大量应用于各种杂食性、草食性淡水鱼类养殖。

构树饲料生物发酵剂的选择十分重要，不同的发酵剂对于构树的降解程度、构树在日粮中的使用量、构树发酵饲料的适口性、构树发酵饲料的保存期、养殖动物的生长表现等多个方面差异极大，这些差异表现最终将影响养殖动物的生产成本和肉蛋奶品质。

3. 构树全产业链的建立

以市场需求为导向，充分利用构树的优势特性，充分发掘构树关联产品的资源价值，着力构建构树种养结合生态循环农业产业体系，以动物养殖量为基础，合理匹配构树种植面积，以构树生物发酵饲料关键技术为核心，不断提高构树利用比例和转化效率，降低养殖成本。与此同时，充分利用构树芽头、嫩叶拓展各种构树关联产品如构树茶、构树饮料、构树食品、构树保健品等，使构树产业链在纵向和横向不断延伸。

三、典型示范

1. 公司基本情况

安徽宝楮生态农业科技有限公司成立于2016年12月，是一家专业从事构树种养结合生态循环农业产业、专注于无抗、安全、生态农产品的企业；一个以生态扶贫、科技扶贫、产业扶贫为己任的企业。该公司成立两年多来，宝楮种养结合生态循环农业园区生态循环链的各个环节已经形成无缝链接，在园区有限的区域内构成完全封闭的有机生态循环圈。和传统养殖场蚊蝇肆虐、臭气熏天的环境不同，宝楮生态循环农业园区绿水青山、空气清新、鸟语花香，彻底破除了养殖业污染困局，充分展现了一种全新的生态循环农业生产模式（图9-10）。

图9-10　安徽宝楮生态循环农业园区的厌氧发酵池

2. 公司产业规模

安徽宝楮生态农业科技有限公司现已建成运营构树育苗中心年育苗能力7 000万株；流转土地2 600亩种植饲用灌木型构树林地；扶持贫困户种植饲用构树800亩；建成运营构树生物发酵饲料厂年生产能力60 000t；建成投入运营养猪场存栏能繁母猪750头，年出栏构香猪12 000头；存栏安徽地方品种土鸡30 000只；年产构香鸡蛋300万枚；六安瓜片传统工艺构树茶年生产能力30t（图9-11）。

图9-11　安徽宝楮生态农业科技有限公司正在实施构树多种经营项目和开发的衍生产品

3. 主营产业体系

该公司构树种养结合生态循环农业产业系统如图9-12所示。

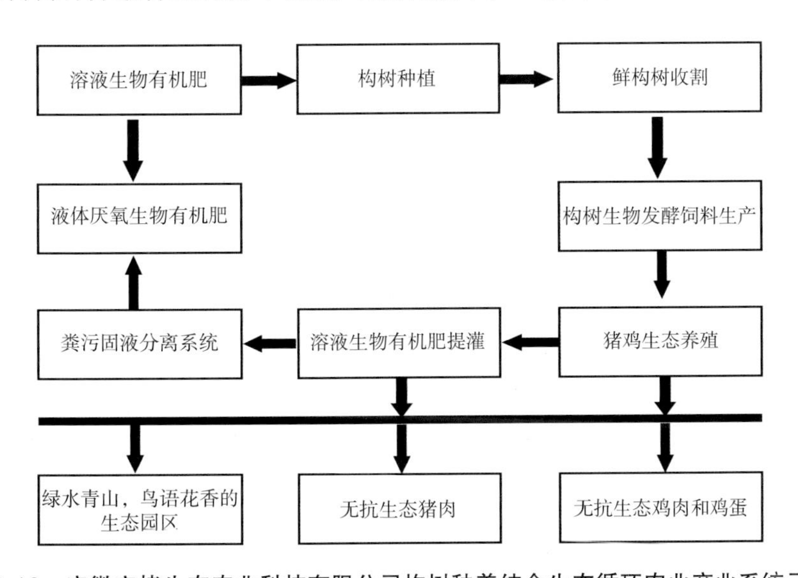

图9-12　安徽宝楮生态农业科技有限公司构树种养结合生态循环农业产业系统示意

经过近一年的生产运营测算，每亩饲用灌木型构树鲜枝年产量为6～8t，可满足30头育肥猪所需构树生物发酵饲料，同时30头育肥猪约可为1亩构树每年提供液态有机生物肥35t，基本满足构树快速生长的水肥需要量，形成循环往复完全闭合的生态循环。

4. 公司核心优势

该公司与有“养猪院士”称号的中国工程院印遇龙院士及其所率院士团队合作，于2018年7月29日正式签约建设了安徽省院士工作站，主要针对构树种养结合生态循环农业关键技术课题展开科学研究。经过近一年的合作科研攻关，完成构建了构树种植和高效利用为基础的种养结合生态循环养殖业生产模式，以充分发挥猪、鸡最佳生长潜能的基础，构树在猪、鸡日粮中的使用比例提高到40%以上。构树生物发酵饲料与养殖粪污的就地高效循环利用不仅从源头上根除了养殖业的污染困局，还同时可节省超过40%的饲料用粮，降低了饲料成本和治疗用药成本，杜绝了抗生素滥用和违禁添加剂使用，极大地提高了食品品质和安全保障，赢得了强大的市场竞争力。

5. 产品的销售

安徽宝楮生态农业科技有限公司植根于生态环境优良的大别山，从属于长江三角洲经济区，这是中国极具经济活力的地区之一，也是中国猪肉消费量最大的地区，发展构树生态农产品拥有巨大的发展空间。该公司通过在长三角城市群开展广泛的农产品商业合作，构建线上线下的构树关联产品销售体系，已在上海与大型农产品经营机构建成大别山构香农产品销售网络，同时在合肥和六安市建立5家自营构香农产品专卖店。目前，大别山构香猪、鸡产品已供不应求，正依托构树生物发酵饲料大规模联合养殖场，迅速扩大构香农产品生产规模，以满足长三角强大的市场需求（图9-13）。

图9-13　设立在上海、合肥等大城市里的构香农产品专卖店

参考文献

陈远，夏玉芳，王程，等. 2014. 构树截顶与留顶栽植的生长量及持水量差异[J]. 贵州农业科学(5)：184-187.

杜宏伟. 2003. 速生构树超短周期原料林栽培技术[J]. 新农业(3)：41.

华栋，张春梅，姚美芬. 2002. 构树雄花序的营养成分[J]. 江苏师范大学学报(自然科学版)(4)：74-75.

黄宝康，秦路平，郑汉臣，等. 2002. 中药楮实子及其原植物的本草考证[J]. 中药材(5)：357-358.

黄文悦. 1991. 培育构树菌纸两用林的初步探讨[J]. 湖南林业科技(1)：11.

焦阳，贾春云，范文玉，等. 2014. 构树对菱镁矿区破损土地的生态适应性[J]. 安徽农业科学(16)：5063-5065，5138.

黎磊，夏玉芳，王忠卫，等. 2008. 不同岩性土体上构树苗木的生长效应[J]. 山地农业生物学报(3)：213-217.

廖声熙，李昆，杨振寅，等. 2006. 不同年龄构树皮的纤维、化学特性与制浆性能研究[J]. 林业科学研究(4)：436-440.

林文群，陈忠，李萍. 2001. 构树聚花果及其果实原汁营养成分的研究[J]. 天然产物研究与开发(3)：45-47.

林文群，刘剑秋. 2000. 构树种子化学成分研究[J]. 亚热带植物科学(4)：20-23.

刘飞，刘艳萍，晏增，等. 2011. 3个构树无性系幼龄材纤维形态和化学成分分析[J]. 河南农业科学(10)：120-122.

罗龙皂，李绍才，孙海龙，等. 2011. 石质陡边坡构树根系抗拉特性研究[J]. 中国水土保持(4)：37-40.

罗中杰. 2005. 构树果红色素的提取及其理化性质的研究[J]. 应用化工(2)：131-132.

马伟成，夏玉芳，文萍，等. 2014. 一年生构树苗木构件生长特性研究[J]. 江西农业学报(6)：59-61.

马伟成，夏玉芳，徐钶，等. 2011. 一年生构树截干移植后根系生长特性研究[J]. 江西农业学报(11)：14-16.

牛敏，高慧，张丽萍. 2007. 构树木质部的纤维形态、化学组成及制浆性能[J]. 经济林研究(4)：45-49.

欧阳林男，吴晓芙，郭丹丹，等. 2012. 锰污染土壤修复的植物筛选与改良效应[J]. 中南林业科技大学学报(12)：7-11.

彭超威，程幼学. 1992. 构树叶饲喂生长肥育猪试验[J]. 广西农业科学(3)：136-137.

史琛媛，张玉梅，路亚星，等. 2015. 保定市几种常见绿化树种吐片滞尘能力研究[J]. 河北林果研究(3)：289-294.

孙建昌，赵勤，胡彬，等. 2017. 构树果用林营建及采收技术[J]. 贵州林业科技(3)：42-44.

王云翔，孙海龙，罗龙皂，等. 2012. 人工石质边坡构树根系抗剪特性研究[J]. 水土保持研究(3)：114-118.

吴善群. 2010. 矿山迹地构树人工造林模式研究[J]. 现代农业科技(15)：222-223.

熊罗英. 2010. 构树饲料发酵技术及构树饲料营养价值评定[D]. 湛江：广东海洋大学.

杨怡之，夏玉芳，张克丽，等. 2013. 石漠化山区构树截干造林试验[J]. 贵州林业科技(2)：26-30.

杨振寅，李昆，廖声熙，等. 2007. 不同类型构树皮的纤维形态，化学组成与制浆性能研究[J]. 南京林业大学学报（自然科学版）(6)：65-68.
杨祖达，陈华，叶要妹，等. 2002. 构树叶资源利用潜力的初步研究[J]. 湖北林业科技(1)：1-3.
翟晓巧，任媛媛，刘艳萍，等. 2013. 8种落叶乔木抗旱性相关叶片的解剖结构[J]. 东北林业大学学报(9)：42-45.
翟晓巧，曾辉，刘艳萍，等. 2012. 构树不同无性系间叶片营养成分及叶形的变化[J]. 东北林业大学学报(11)：38-39.
张鹏，廖声熙，崔凯，等. 2014. 金沙江构树不同规格整地造林生长分析[J]. 西南农业学报(5)：2173-2178.
张益民，于汉寿，张永忠，等. 2008. 构树叶发酵饲料中营养成分的变化 [J]. 饲料工业(23)：54-55.
赵天榜. 1994. 构树1～2龄材纤维形态研究[J]. 河南林业科技(3)：28-30.
周峰. 2005. 构树叶、花序及果实的氨基酸分析[J]. 药学实践杂志(3)：154-156.
周敏. 2008. 构树遗传多样性的AFLP研究[D]. 昆明：西南林学院.
周文美，胡晓瑜，黄永光，等. 2007. 半干红楮桃酒的研制[J]. 酿酒科技(8)：134-135.